全国高职高专"十二五"规划教材

新编计算机应用基础实训指导
（第二版）

主　编　黄俊蓉　梁毅娟

副主编　许业进　黄纬维　陶国飞　范燕侠

中国水利水电出版社
www.waterpub.com.cn

内 容 提 要

本书根据高职高专非计算机专业的教学大纲要求,结合《全国计算机等级考试》(一级)考试大纲和当前计算机通用技术编写。作为《新编计算机应用基础》(第二版)的实训辅助教材,本书主要指导进行计算机基础操作实训,包括常用办公软件、网络应用、数据库、信息安全等方面的操作技能。

本书共分计算机基础知识、Windows 7 操作系统、文字处理软件 Word 2010、电子表格软件 Excel 2010、计算机网络技术、演示文稿软件 PowerPoint 2010、数据库技术、网页(网站)设计、常用工具软件的使用 9 个模块。每个模块分成若干个项目,以帮助读者循序渐进地巩固所学的知识。

本书可作为高职高专院校非计算机专业计算机基础课程教材,也可供参加全国高校计算机等级考试(一级)的考生参考。

图书在版编目(C I P)数据

新编计算机应用基础实训指导 / 黄俊蓉,梁毅娟主编. -- 2版. -- 北京:中国水利水电出版社,2014.8(2016.7重印)
全国高职高专"十二五"规划教材
ISBN 978-7-5170-2288-6

Ⅰ.①新… Ⅱ.①黄… ②梁… Ⅲ.①电子计算机—高等职业教育—教学参考资料 Ⅳ.①TP3

中国版本图书馆CIP数据核字(2014)第160808号

策划编辑:石永峰　　　责任编辑:张玉玲　　　封面设计:李 佳

书　　名	全国高职高专"十二五"规划教材 **新编计算机应用基础实训指导(第二版)**
作　　者	主　编　黄俊蓉　梁毅娟 副主编　许业进　黄纬维　陶国飞　范燕侠
出版发行	中国水利水电出版社 (北京市海淀区玉渊潭南路 1 号 D 座　100038) 网址:www.waterpub.com.cn E-mail:mchannel@263.net(万水) 　　　　sales@waterpub.com.cn 电话:(010)68367658(发行部)、82562819(万水)
经　　售	北京科水图书销售中心(零售) 电话:(010)88383994、63202643、68545874 全国各地新华书店和相关出版物销售网点
排　　版	北京万水电子信息有限公司
印　　刷	三河市鑫金马印装有限公司
规　　格	184mm×260mm　16 开本　11.5 印张　290 千字
版　　次	2012 年 8 月第 1 版　2012 年 8 月第 1 次印刷 2014 年 8 月第 2 版　2016 年 7 月第 3 次印刷
印　　数	6001—8000 册
定　　价	24.00 元

第二版前言

随着我国科技水平的发展，计算机的应用已深入到社会和经济建设的各个领域和千家万户，计算机应用能力已经成为 21 世纪人才的必备素质。"计算机应用基础"是高等院校的公共基础课，也是各专业学习的必修课程和先修课程，担负着培养学生计算机应用能力的重任。

一直以来，高等职业教育强调职业能力的重要性，注重基础理论的实用性和技术理论的应用性，课程内容强调"应用性"，教学过程注重"实践性"。因此，公共计算机课程的教学也应该以突出应用能力为主，使学生掌握一定的计算机基础理论知识的同时，紧扣计算机应用能力培养这一主线。

本书的编者都是高等职业院校多年从事计算机基础教学的一线教师，在设计教材内容时，融入了学生在日常学习、生活和将来工作中的许多典型实例，既涵盖了应知应会的知识和技能，也兼顾到学生的学习兴趣。本书有以下特点：

（1）以项目化课程教学作为实训模式，学生在完成任务的过程中掌握知识、训练技能。

（2）紧密结合计算机在日常生活工作中的典型应用，以计算机能力的培养为目标来设计教学内容和任务。

（3）本实训教程与《新编计算机应用基础》（第二版）（陈星豪、何媛主编）同期出版，丰富的实例与教学内容相互配合，为学生计算机应用能力的训练提供了保证。

（4）教材内容符合高职高专非计算机专业的教学要求，也涵盖了《全国计算机等级考试（一级）大纲》规定的内容，具有一定的针对性，可作为计算机一级考试备考用书。

本书由黄俊蓉、梁毅娟任主编，许业进、黄纬维、陶国飞、范燕侠任副主编，另外参加部分编写工作的还有陈星豪、何媛、李燕、李倩、李莉、伍江华等，在此一并表示感谢。

限于编者水平，书中难免有不当之处，恳请广大读者批评指正。

编　者
2014 年 6 月

第一版前言

随着计算机应用技术的迅猛发展，计算机的应用领域不断拓宽，计算机应用能力已经成为 21 世纪人才的必备素质。计算机应用基础是高等院校公共基础课，也是各专业学习的必修课程和先修课程，担负着培养学生应用计算机能力的重任。

一直以来，高等职业教育强调职业能力的重要性，注重基础理论的实用性和技术理论的应用性，课程内容强调"应用性"，教学过程注重"实践性"。因此，公共计算机课程的教学也应该以突出应用能力为主，使学生在掌握一定的计算机基础理论知识的同时，紧扣计算机应用能力培养这一主线。

本书的编者都是高等职业院校多年从事计算机基础教学的一线教师，在设计教材内容时，融入了学生在日常学习、生活和将来工作中的许多典型实例，既涵盖了应知应会的知识和技能，也兼顾到学生的学习兴趣。本书有以下特点：

（1）以项目化课程教学作为实训模式，学生在完成任务的过程中掌握知识、训练技能。

（2）紧密结合计算机在日常生活工作中的典型应用，以计算机能力的培养为目标来设计教学内容和任务。

（3）本实训教程与《新编计算机应用基础》（李士丹，尧有平主编）同期出版，丰富的实例与教学内容相互配合，为学生计算机应用能力的训练提供了保证。

（4）教材内容符合高职高专非计算机专业的教学要求，也涵盖了《全国计算机等级考试（一级）大纲》规定的内容，具有一定的针对性，可作为计算机一级考试备考用书。

本书由陈星豪、尧有平任主编。模块一由陈星豪编写，模块二由尧有平和梁球共同编写，模块三由尧有平和许业进共同编写，模块四由何媛编写，模块五由黄纬维编写，模块六由莫小群编写，模块七由李倩编写，模块八由唐伟萍编写，历年考题由李莉收集整理。

限于编者水平，书中难免不当之处，敬请读者不吝批评指正！

编者
2012 年 6 月

目　　录

模块一　计算机基础知识

训练项目 1　Windows 7 基础

【训练目标】

- 掌握 Windows 7 开启与退出的正确方法和启动模式。
- 了解 Windows 7 几种关闭方法的含义和使用，以及 Windows 7 的基本操作。

【训练内容】

任务 1　Windows 7 正常启动的操作

（1）打开计算机电源。依次接通外部设备的电源开关和主机电源开关；计算机执行硬件测试，正确测试后开始系统引导。

（2）Windows 7 开始启动；若在安装 Windows 7 过程中设置了多个用户使用同一台计算机，启动过程中将出现如图 1-1 所示的提示界面，选择确定用户后完成最后的启动。

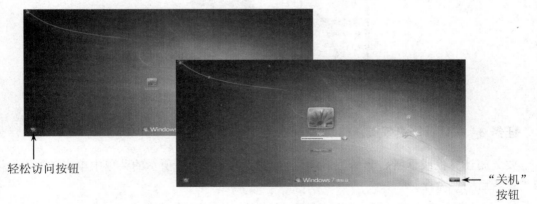

图 1-1　Windows 7 登录界面

启动完成后，出现 Windows 7 桌面，如图 1-2 所示。

任务 2　注销当前用户并以其他用户名登录

（1）单击 Windows 7 桌面左下角的"开始"按钮，弹出"开始"菜单。

（2）将鼠标移到"关机"按钮右侧的"箭头"按钮处，在弹出的"关闭选项"列表中选择"注销"选项，如图 1-3 所示。系统注销当前用户并出现如图 1-1 所示的登录界面。

（3）在登录界面中单击选择某用户并输入密码，再单击"确定"按钮。Windows 7 以新的用户名登录并进入桌面状态。

图 1-2　Windows 7 操作系统的初始界面

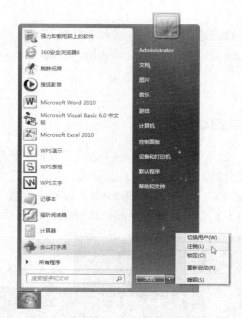

图 1-3　Windows 7 的"开始"菜单及"注销"命令

任务 3　关闭计算机或重新启动 Windows 7 的操作

要关闭计算机或重新启动 Windows 7，用户可在如图 1-3 所示的菜单中单击"关机"按钮或"重新启动"命令。

任务 4　Windows 7 的基本使用

1. 启动并登录计算机

按主机前置面板上的"电源开关"按钮，启动并登录 Windows 7，观察 Windows 7 桌面的组成。

2. 将 Windows 7 桌面改回 Windows 9X 经典桌面显示方式

（1）将鼠标指针指向桌面中的空白处并右击，在弹出的快捷菜单中选择"个性化"命令，打开"个性化"设置窗口，如图 1-4 所示。

（2）在"更改计算机上的视觉效果和声音"列表框中单击"基本和高对比度主题"项目下的"Windows 经典"图标，稍等一会儿，桌面的视觉效果即和 Windows 9X 版本的大体相同。

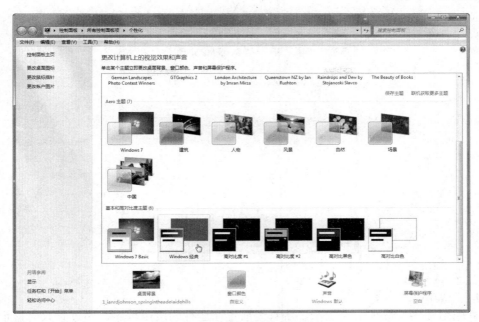

图 1-4 桌面"个性化"设置窗口

3. 鼠标的基本操作练习

（1）按住鼠标左键，将"计算机"图标移动到桌面上的其他位置。

（2）用鼠标双击或右击打开"计算机"窗口。

（3）用鼠标实行拖拽操作改变"计算机"窗口的大小和在桌面上的位置。

（4）用鼠标右键拖动"计算机"图标到桌面的某一位置，松开后，选择某一操作。

（5）将鼠标指针指向任务栏右侧的系统通知区中的当前时间图标，单击弹出"日期和时间属性"对话框，在其中调整系统的时间与日期。

（6）在 Windows 7 桌面上，双击打开 Internet Explorer 浏览器。

（7）单击"开始"→"所有程序"→"附件"→"计算器"或"记事本"命令，打开"计算器"或"记事本"程序。

任务 5 使用"Windows 任务管理器"

"Windows 任务管理器"为用户提供了有关计算机性能的信息，并显示了计算机上所运行的程序和进程的详细信息；如果连接到网络，那么还可以查看网络状态并迅速了解网络是如何工作的。

"Windows 任务管理器"窗口中有"文件"、"选项"、"查看"、"窗口"、"帮助"5 个菜单项，还有"应用程序"、"进程"、"服务"、"性能"、"联网"、"用户"6 个选项卡，窗口底部是状态栏，从这里可以查看到当前系统的进程数、CPU 使用率、物理内存容量等数据。

为了做本实验，请先将 Windows Media Player（媒体播放器）、计算机、计算器（Calc）、写字板（WordPad）、记事本（NotePad）等几个程序打开。

打开"Windows 任务管理器"的方法是：右击任务栏的空白处，在弹出的快捷菜单中选择"启动任务管理器"命令（也可按 Ctrl+Shift+Esc 组合键），"Windows 任务管理器"窗口如图 1-5 所示。

图 1-5　"Windows 任务管理器"窗口

（1）"应用程序"选项卡。

在"应用程序"选项卡中显示了所有当前正在运行的应用程序，不过它只会显示当前已打开窗口的应用程序，而 QQ、MSN Messenger 等最小化至系统通知区的应用程序则并不会显示出来。

单击"结束任务"按钮可直接关闭某个应用程序，如结束"无标题-记事本"；如果需要同时结束多个任务，可以按住 Ctrl 键复选；单击"新任务"按钮，可以直接打开相应的程序、文件夹、文档或 Internet 资源。

（2）"进程"选项卡。

单击"查看"→"选择列"命令，在弹出的"选择列"对话框中设置要显示的信息，设置后的"进程"选项卡如图 1-6 所示。

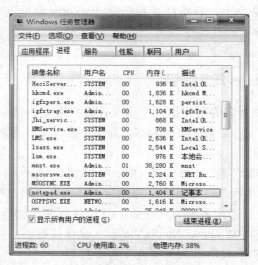

图 1-6　"进程"选项卡

"进程"选项卡用于显示关于计算机上正在运行的进程的信息，包括应用程序、后台服务等，那些隐藏在系统底层深处运行的病毒程序或木马程序也可以在这里找到。

找到需要结束的进程名，右击并选择"结束进程"命令（或单击"结束进程"按钮），即可强行终止，如 notepad.exe（记事本）。不过这种方式将丢失未保存的数据，而且如果结束的是系统服务，则系统的某些功能可能无法正常使用。

（3）"性能"选项卡。

在"性能"选项卡中，可以查看计算机性能的动态概念，例如 CPU 和各种内存的使用情况，如图 1-7 所示。

（4）"联网"选项卡。在"联网"选项卡中显示了"本地连接"的实时连网情况，如图 1-8 所示。

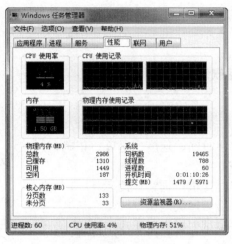

图 1-7　"性能"选项卡

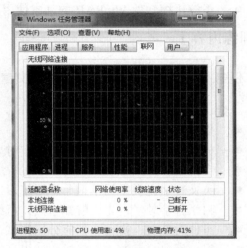

图 1-8　"联网"选项卡

（5）"用户"选项卡。

如图 1-9 所示是"用户"选项卡，其中显示了当前已登录和连接到本机的用户数、标识（标识该计算机上的会话的数字 ID）、活动状态（正在运行、已断开）、客户端名，可以单击"注销"按钮重新登录，或者通过"断开"按钮断开与本机的连接，如果是局域网用户，还可以向其他用户发送消息。

图 1-9　"用户"选项卡

训练项目 2　键盘操作与指法练习

【训练目标】

- 掌握一个中英文打字练习软件的使用方法。
- 掌握汉字输入法的选用方法。
- 了解"记事本"和"写字板"程序的启动、文件保存和退出的方法。
- 了解压缩软件 WinRAR 的基本使用方法。

【训练内容】

任务 1　"金山打字通 2013"中英文键盘练习软件的使用

"金山打字通 2013"的主要功能如下：

- 支持打对与打错分音效提示。
- 提供友好的测试结果展示，并实时显示打字时间、速度、进度、正确率。
- 支持重新开始练习，支持打字过程中暂停打字。
- 英文打字提供常用单词、短语练习，打字时提供单词解释提示。
- 科学打字教学：先讲解知识点，再练习，最后过关测试。
- 可针对英文、拼音、五笔分别测试，过关测试中提供查看攻略。
- 提供经典打字游戏，轻松快速提高打字水平。
- 通俗易懂的全新打字教程，帮助你更快学会打字。

操作方法及步骤如下：

（1）启动"金山打字通 2013"。单击"开始"→"所有程序"→"金山打字通"→"金山打字通"命令，"金山打字通 2013"用户界面如图 1-10 所示。

图 1-10　"金山打字通 2013"启动窗口

对首次使用"金山打字通"的用户，单击"新手入门"、"英文打字"、"拼音打字"和"五笔打字"任何一个功能按钮，系统均弹出选择或添加某一用户，单击"确定"按钮进入"金山打字通"的登录界面，如图 1-11 所示。

在其中用户可以创建或选择一个昵称（用户），单击"下一步"按钮，出现如图 1-12 所示的"登录"对话框之第二步——绑定 QQ 界面。

图 1-11 "登录"对话框之第一步——创建昵称   图 1-12 "登录"对话框之第二步——绑定 QQ

在其中用户可以绑定或不绑定 QQ，如果绑定 QQ，用户才可拥有保存记录、漫游打字成绩和查看全球排名等功能。

单击"绑定"按钮，出现如图 1-13 所示的 QQ 登录界面，单击自己的 QQ 头像，即可将本次打字和 QQ 绑定。如果不绑定 QQ，则直接单击图 1-12 所示对话框右上角的 ✕ 按钮即可。

（2）注销"昵称"和退出"金山打字通"。

图 1-13 "QQ 登录"对话框

1）注销昵称。在练习时，可随时注销当前昵称（用户），方法是：单击"金山打字通"

界面右上角的"昵称"列表框，在弹出的下拉列表中选择"注销"命令，如图 1-14 所示。

图 1-14　注销"昵称"

2）在练习时也可随时结束程序的使用，方法有以下两种：

● 单击右上角的"关闭"按钮■。

● 按组合键 Alt+F4。

（3）英文键盘练习。英文键盘练习分为"新手入门"和"英文打字"两部分。

如图 1-15 所示是"新手入门"功能界面，在"新手入门"训练中，用户可分别就"字母键位"、"数字键位"、"符号键位" 3 个部分进行练习，用户还可以学习"打字常识"和"键位纠错"两部分的知识。

图 1-15　"新手入门"功能界面

用户只需要在"新手入门"功能界面中单击相应的功能按钮，即可进入相应的界面进行学习或练习。

如图 1-16 所示是"英文打字"功能界面，用户可分别就"单词练习"、"语句练习"和"文章练习" 3 个部分进行练习。

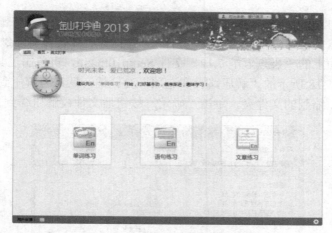

图 1-16 "英文打字"功能界面

在"英文打字"功能界面中单击相应的功能按钮，即可进入相应的界面进行练习。

（4）利用"金山打字通"软件还可以进行"拼音打字"和"五笔打字"练习。此外，"金山打字通"软件提供了丰富的打字游戏。

任务 2 学会 WinRAR 中文版的简单使用

要求：
- 从网上下载并安装 WinRAR 5.0 简体中文正式版。
- 从网上下载并安装"极点五笔 7.12"。
- 用 WinRAR 软件将"极点五笔 7.12"文件解压缩。

操作方法和步骤如下：

（1）下载 WinRAR 5.0 简体中文正式版和"极点五笔 7.12"：从天空网站下载 WinRAR 5.0 简体中文正式版，下载的软件放在 Windows 7 桌面上，网址是 http://www.skycn.com/soft/appid/10344.html；从网上下载"极点五笔 7.12"，下载的文件保存在 Windows 7 桌面上，网址是 http://down.tech.sina.com.cn/page/9351.html。

（2）在 Windows 桌面上找到已下载的 WinRAR 5.0 文件，双击并按照出现的安装界面提示一步一步操作即可安装到计算机中。

（3）正确安装 WinRAR 后，双击 WinRAR 图标便可进入如图 1-17 所示的操作界面。

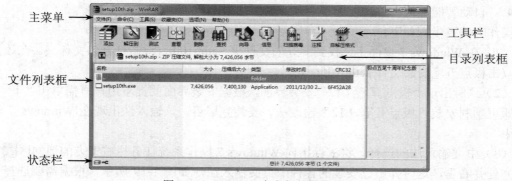

图 1-17 WinRAR 中文版的操作界面

（4）解压"极点五笔 7.12"压缩文件。要使用压缩文件，必须先将压缩文件进行解压，对压缩文件进行解压的操作过程为：单击"文件"→"打开压缩文件"命令，选择某压缩文件，如从网上下载到桌面上的"极点五笔 7.12"文件 Setup10th.zip，再单击工具栏中的"解压到"按钮，弹出如图 1-18 所示的"解压路径和选项"对话框。默认为解压到当前文件夹中，也可选择或输入要解压缩到的文件夹，单击"确定"按钮后文件被解压缩到目标文件夹中。

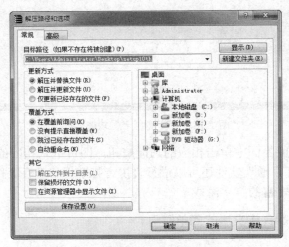

图 1-18　"解压路径和选项"对话框

任务 3　安装"极点五笔 7.12"输入法

极点五笔输入法，全称为"极点中文汉字输入平台"，作者杜志民。极点五笔是一款完全免费的，以五笔输入为主，拼音输入为辅的中文输入软件。它同时支持 86 版和 98 版两种五笔编码，全面支持 GBK，避免了以往传统五笔对镕、堃、喆、玥、冇、啰等汉字无法录入的尴尬。同时，极点五笔完美支持一笔、二笔等各种"型码"及"音型码"输入法，还有如下特色：

- 五笔拼音同步录入：会五笔打五笔不会五笔打拼音，且不影响盲打。
- 屏幕取词：随选随造，可以包含任意标点与字符。
- 屏幕查询：在屏幕上选词后复制到剪切板再按此键即可。
- 在线删词：有重码时可以使用此快捷键删除不需要的词组。
- 在线调频：当要调整重码的顺序时按此键，同时也可选用自动调频。
- 自动智能造词：首次以单字录入，第二次后即可以词组形式录入。

操作方法及步骤如下：

（1）在 Windows 7 桌面上，找到解开的文件夹 Setup10th，双击打开该文件夹。在该文件夹中双击极点五笔安装文件 setup10th.exe。

（2）这时出现"极点五笔 7.12"安装界面，根据安装界面的提示用户只需单击"下一步"按钮即可顺利安装"极点五笔 7.12"输入法。安装完毕后，该输入法出现在 Windows 7 输入法中。

（3）中文输入法的选择。将鼠标指向 Windows 7 操作系统任务栏右下方的通知区（输入法）处并右击，这时弹出已安装的各种中英文输入法，如图 1-19 所示，根据需要选择一种适合自己的中文输入法，如"极点五笔输入法"等（也可按 Ctrl+Shift 组合键，依次显示各种中文输入法）。

如图 1-20 所示是"极点五笔输入法"浮动块。

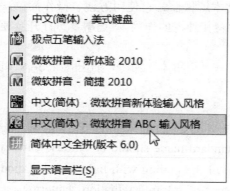

图 1-19　选择中文输入法

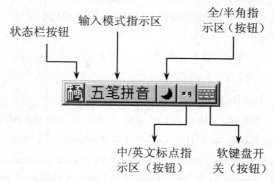

图 1-20　"极点五笔输入法"浮动块及说明

在"极点五笔输入法"浮动块中单击 ﹣按钮（或按 Caps Lock 键），该按钮改变为 英文 ，表明这时用户可输入英文字母；单击 英文 按钮，极点五笔输入法可分别在 五笔拼音 、拼音输入 和 五笔字型 输入法之间进行切换；单击 ﹣按钮（或按 Shift+Space 组合键），该按钮改变为﹣，表明这时用户输入的英文字母为一个汉字大小。单击﹣按钮（或按 Ctrl+.键），该按钮变为﹣（深色），表明这时用户可输入中文标点符号，反之为英文标点符号。右击﹣按钮，用户可选择输入常用符号，同时该按钮变为深色﹣；右击﹣按钮，可对该输入法进行相关的设置。

"极点五笔"界面支持换肤，所以指示符位置、形式不尽相同，可在切换皮肤后用鼠标浏览各按钮，极点会弹出各按钮的简要说明。

如果按快捷键 Ctrl+←，可以显示或隐藏"极点五笔输入法"浮动块。

任务 4　五笔字型输入法的练习

"金山打字通"软件提供了五笔字型输入法（包括五笔 86 版和 98 版，可在系统"选项"菜单中进行设置）的练习，方法是在图 1-10 中单击"五笔打字"按钮，打开"五笔打字"功能界面，如图 1-21 所示。根据界面的提示，读者可进行相关的练习。

图 1-21　五笔字型—综合练习界面

任务 5　记事本（Notepad）的使用

Windows 系统中的"记事本"是一个常用的文本编辑器，它使用方便、操作简单，在很多场合下尤其是在编辑源代码（如 ASP 源程序）时有其独特的作用。"记事本"打开及使用的方法如下：

（1）单击"开始"→"所有程序"→"附件"→"记事本"命令，打开"记事本"窗口。

（2）将下列英文短文录入到"记事本"中：

The Role of The Mouse

"Mouse",Because of the shape of mouse named "mouse" (The mainland Chinese language, Hong Kong and Taiwan for the mouse）. "Mouse" standard name should be "mouse", Its English name "Mouse", name: "rubber ball round transmission of the grating with light-emitting diode and phototransistor of wafer pulse signal converter" or "spot of infrared radiation scattering particles with light-emitting semiconductor and photoelectric sensors, sensor signal of the light pulse. " It appears to now have 40 years of history. The use of the mouse are operated in order to make the computer more convenient, to replace keyboard commands that cumbersome.

Mouse is a cursor position through the manual control equipment. System now commonly used keys are two or three button mouse. Operation of the mouse can do the following things: such as cursor position to determine, from the menu bar select the menu item to run in different directories to copy files between the mobile and to accelerate the speed of the mobile document. You can define mouse buttons, such as selection of objects or abandon These functions depend on the use of the software implementation.

Use the mouse to operate should be careful not correct to use the mouse will be damaged.

（3）文本输入完成后，单击"格式"→"字体"命令，弹出"字体"对话框，如图 1-22 所示。

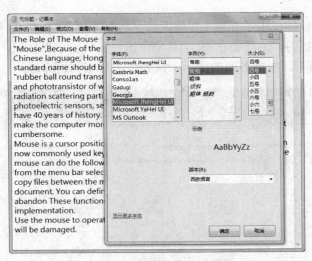

图 1-22　记事本的"字体"对话框

（4）选择"字体"为 Microsoft JhengHei UI，"大小"为 20，观察记事本窗口中文字内容的变化。

（5）单击"文件"→"保存"命令，弹出"另存为"对话框，在"保存在"下拉列表框中选择一个目录（文件夹）如 Administrator 作为该文件保存的位置，在"文件名"文本框中输入 ywlx，单击"保存"按钮，则输入的内容就保存在了文件 ywlx.txt 中。

（6）单击"文件"→"退出"命令，关闭"记事本"窗口。

任务 6 使用写字板（Wordpad）录入短文

（1）单击"开始"→"运行"命令，弹出"运行"对话框，在"打开"文本框中输入 Wordpad.exe，单击"确定"按钮，打开如图 1-23 所示的"写字板"窗口。

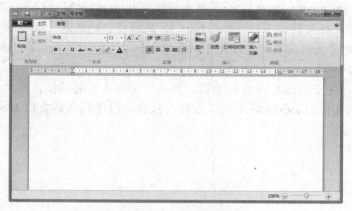

图 1-23 "写字板"窗口

（2）在"写字板"里输入如下短文：

有关鼠标的英文表示

鼠标（mouse）是一种定位设备（pointing device），通常有两个按键（button）和一个滚动轮（scroll wheel）。其移动会影响显示器或监视器（display/monitor）上鼠标指针（cursor）的移动，从而对图形用户界面（GUI/graphical user interface）进行精确控制。使用鼠标通常需要安装驱动软件（driver software）。复数形式可以是 mouses 或 mice。

鼠标有机械的（mechanical），如滚球鼠标（ball mouse）【需要鼠标垫（mousepad）来进行更好的操作】；光学的（optical）；激光的（laser）；惯性的（inertial）；陀螺仪的（gyroscopic）；触觉的（tactile）和三维的（3D mouse/bat/flying mouse/wand）。其中 inertial 和 gyroscopic 的鼠标也叫 air mouse，不需要依靠一个平面来操作；有人将其翻译为'无线鼠标'，不对，因为无线鼠标一般叫 wireless mouse 或 cordless mouse，而有线鼠标则叫 cabled mouse 或 wired mouse。

鼠标指针的点击(click)【包括单击(single-click)、双击(double-click)和三击(triple-click)】或悬停（hover）可以选择文件（file）、程序（program）或操作（action），当然也可以通过图标（icon）来进行类似操作。常见鼠标动作有定位点击（point-and-click）、拖放（drag-and-drop）【压住（press）按键，移动到某个位置后释放（release）按键】等。

文本状态鼠标指针（text cursor）有时也叫 caret。它指示文本插入点（insertion point），可以是下划线（underscore）、实心长方形（solid rectangle）或竖直线（vertical line）的形状；可以闪烁（flashing/blinking）也可以不闪烁（steady）。

默认（default）鼠标指针因其形状也叫箭头（pointer），但可以改变为不同形状。文本状态（text mode）下，它是一个竖条（vertical bar），并且上下两端（top and bottom）带有小横条（crossbar），所以也叫 I-beam【工字钢】。显示文件状态下，它是五指伸开的手形（a hand with all fingers extended）。图形编辑指针状态（graphics-editing cursor）下，它可以是刷子（brush）、铅笔（pencil）或颜料桶（paint bucket）等形状。它在位于一个窗口（window）的边（edge）或角（corner）时可以变成水平（horizontal）、垂直（vertical）或对角线（diagonal）的双箭头（double arrow）形状，指示（indicate）用户通过拖动来改变窗口大小和形状。

　　等待状态的指针（wait cursor）在 Windows 状态下是沙漏（hourglass），而在 Vista 和 Windows 7 状态下是旋转环（spinning ring）。在超链接（hyperlink）上指针变作食指伸出的手形（a hand with an outstretched index finger）。通常还会跳出（pop up）一个工具提示框（tooltip/infotip）来显示信息文本（informative text）。而鼠标悬停宏（mouseover/hover box）则可以在悬停其上时显示内容，这时鼠标要静止不动（stationary）。鼠标指针的热点（hotspot）则指用来点击的像素（pixel），比如箭头的尖端。指针还可以带拖曳轨迹（trails）或动画（animation），用来提高其可视性（visibility）。

　　（3）短文输入完毕后按 Ctrl+S 组合键，弹出"另存为"对话框，在"文件名"文本框中输入要保存文档的文件名 zw.doc，单击"保存"按钮，程序将该短文以 Word 文档格式存盘。

模块二　Windows 7 操作系统

训练项目 1　Windows 7 的基本操作

【训练目标】

- 鼠标及其操作方法。
- 图标的概念及其使用方法。
- 窗口的种类及其使用方法。
- 剪贴板及其使用方法。

【训练内容】

任务 1　桌面的基本操作

（1）通过鼠标拖拽添加一个新图标。

单击"开始"→"所有程序"→Microsoft Office→ P Microsoft PowerPoint 2010，按住 Ctrl 键的同时按下鼠标左键拖拽该图标至桌面上，松开左键可在桌面上添加一个图标。

（2）使用"新建"菜单添加新图标。

在桌面的空白处右击，在弹出的快捷菜单中选择"新建"命令，然后在子菜单中选择所需的对象即可创建新对象，如创建"记事本"程序的快捷方式。

（3）图标的更名。

选择上面建立的新图标并右击，在弹出的快捷菜单中选择"重命名"命令，重新命名一个新名称即可。

（4）删除前面新建的图标。

将鼠标指向前面建立的 Microsoft PowerPoint 图标并右击，在弹出的快捷菜单中选择"删除"命令（或将该对象图标直接拖到"回收站"）。

（5）排列图标。

右击桌面，在弹出的快捷菜单中选择"查看"，观察下一层菜单中的"自动排列图标"是否起作用，即看该命令前是否有"√"标记，若没有，单击使之起作用；移动桌面上的某图标，观察"自动排列"如何起作用；右击桌面，调出桌面快捷菜单中的"排序方式"菜单项，分别按"名称"、"大小"、"项目类型"、"修改日期"排列图标；取消桌面的"自动排列图标"方式。

任务 2　使用任务栏上的"开始"按钮和工具栏浏览计算机

（1）通过"开始"→"文档"命令打开库中的"我的文档"文件夹；再通过"开始"→"音乐"命令打开库中的"音乐"文件夹，观察任务栏上的"Windows 资源管理器"图标是否有重叠现象的变化。

（2）单击"开始"→"所有程序"→"附件"→"记事本"命令，打开"记事本"应用程序窗口，当前窗口为记事本，此时对应图标发亮。

（3）通过单击任务栏上的图标，在"记事本"窗口和"Windows 资源管理器"窗口间切换。

（4）通过单击任务栏最右侧的"显示桌面"按钮▌快速最小化已经打开的窗口并在桌面之间切换。

任务 3   使用 Windows 帮助系统

（1）单击"开始"→"帮助和支持"命令或"计算机"、"网络"等窗口中的"帮助"命令（或按 F1 功能键），打开"Windows 7 帮助和支持"窗口，如图 2-1 所示。

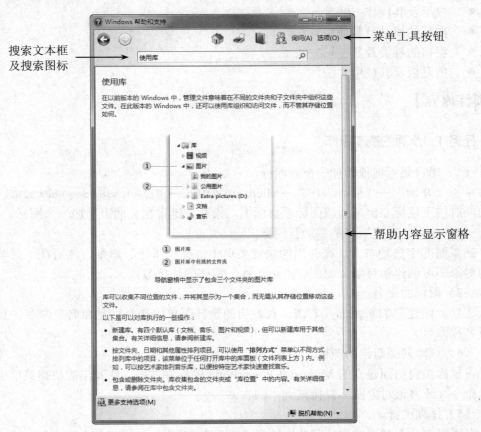

图 2-1   "Windows 帮助和支持"窗口

（2）选择一个帮助主题。该方式采用 Web 浏览方式为用户全面介绍 Windows 7 的功能特点。

（3）单击"Windows 7 帮助和支持"窗口右上角的"浏览帮助"按钮▣，这时帮助内容显示窗格中列出了相关的帮助主题，选择一个主题。Windows 7 允许用户边操作边获得即时的帮助，引导用户一步一步完成各种任务。

（4）显示提示性帮助信息。这时可将鼠标指针指向某一对象，稍等一会儿，系统就会显示出该对象的简单说明。

　　（5）"搜索"文本框，通过在文本框内输入关键字获取帮助信息。本题要求输入关键字"Windows 资源管理器"，然后单击"搜索帮助"按钮 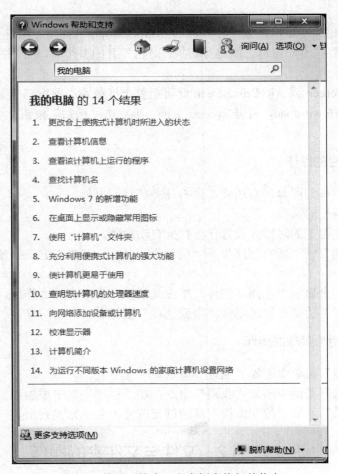，查找有关"Windows 资源管理器"的帮助信息，如图 2-2 所示，有关信息出现在"帮助和支持"窗口的"帮助内容显示窗格"中。

图 2-2　使用"搜索"文本框查找相关信息

　　在 Windows 7 中，一个对话框右上角通常有一个"问号"按钮 。当单击该按钮后，系统也可以打开"Windows 7 帮助和支持"窗口并获得帮助。

任务 4　Windows 7 的窗口操作

　　（1）双击"计算机"图标打开"计算机"窗口，观察图标 、 、 、 和 ，理解这些图标的含义。

　　（2）在"计算机"窗口中移动一个或多个图标后，仔细观察图标和窗口的变化；打开"查看"菜单（或单击常用工具栏中的 ▼按钮），分别选择"超大图标"、"中等图标"、"列表"、"详细信息"、"平铺"和"内容"菜单项，观察窗口内图标的变化。

　　（3）用"计算机"窗口右上角的"最大化"、"最小化"、"还原"和"关闭"按钮来改变窗口的状态。

　　（4）用控制菜单打开、最大化、还原、最小化和关闭窗口。

（5）用拖动的方法调节窗口的大小和位置。

（6）选定一个文件夹，对其进行复制、重命名、删除、恢复等操作。

（7）用"开始"菜单中的"搜索"框打开一个应用程序，如"Windows 资源管理器"explorer.exe。

（8）同时打开 3 个窗口，如"计算机"、Administrator（即用户文件夹）、"回收站"，并把它们最小化。然后在不同窗口之间进行切换；对已打开的多个窗口分别按层叠、横向平铺和纵向平铺排列。

（9）按 PrintScreen 或 Alt+PrintScreen 键可把整个屏幕或当前窗口复制到剪贴板中，然后运行"写字板"程序 wordpad，打开 zw.doc 文档，再单击"粘贴"按钮，看一下有什么效果出现。

任务 5　任务栏的操作

（1）将任务栏移到屏幕的右边缘，再将任务栏移回原处。

（2）改变任务栏的宽度。

（3）取消任务栏上的时钟并设置任务栏为自动隐藏。

（4）将"开始"→"所有程序"→"附件"中的 计算器锁定到任务栏，然后再从任务栏中解锁。

（5）在任务栏上显示"桌面"图标，单击此图标，观察有什么作用。

（6）在任务栏右边的通知区隐藏"电源选项"图标。

任务 6　"开始"菜单的操作

（1）在"开始"菜单中添加"运行"命令。

（2）在"开始"菜单中添加"收藏"命令，在"程序"组中添加"管理工具"子菜单。

（3）将"开始"中的"控制面板"从超链接改变为菜单方式列出。

训练项目 2　文件与文件夹的操作

【训练目标】

- "计算机"与"Windows 资源管理器"的使用。
- 文件（夹）的浏览、选取、创建、重命名、复制、移动和删除等操作。
- 文件和文件夹属性的设置。
- 文件（夹）的搜索。
- "回收站"的使用。

【训练内容】

任务 1　"计算机"窗口的使用

（1）"计算机"窗口的打开。

打开窗口的方法有两种：一是在桌面上双击"计算机"图标；二是将鼠标指针指向"计

算机"图标并右击，在弹出的快捷菜单中选择"打开"命令。

（2）浏览磁盘。

将鼠标指向 C 盘，双击打开，此时在"计算机"右窗格中显示 C 盘的对象内容，再将鼠标指向文件夹 Program Files，双击打开。

执行工具栏中的"组织"列表框，执行"布局"选择中的"预览窗格"命令（或单击栏右侧的"显示预览窗格"按钮□，观察窗口的显示方式。

（3）分别单击"地址栏"左侧的后退"按钮◀和"前进"按钮▶，观察窗口的显示内容。

任务 2 "Windows 资源管理器"窗口的使用

（1）"Windows 资源管理器"窗口的打开。

打开窗口的常见方法有 4 种：①单击"开始"→"所有程序"→"附件"→"Windows 资源管理器"命令；②右击"开始"按钮，在弹出的快捷菜单中选择"打开 Windows 资源管理器"命令；③单击"开始"→"运行"命令，弹出"运行"对话框，在"打开"文本框中输入 explorer，然后按 Enter 键；④按▒+E 组合键。

（2）调整左右窗格的大小。

将鼠标指针指向左右窗格的分隔线上，当指针变为水平双向箭头↔时，按住鼠标左键左右移动即可调整左右窗格的大小。

（3）展开和折叠文件夹。

单击"计算机"前的空白三角图标▷或双击"计算机"将其展开，此时空白三角图标▷变成了斜实心三角图标◢。在左窗格中，单击"本地磁盘（C:）"前的空白三角图标▷或双击"本地磁盘（C:）"将展开磁盘 C。在左窗格（即导航窗格）中，单击文件夹 Windows 前的空白三角图标▷或双击名称 Windows 将展开文件夹 Windows。

单击斜实心三角图标◢或将光标定位到该文件夹，按←键，可将已展开的内容折叠起来。如单击 Windows 前的斜实心三角图标◢也可将该文件夹折叠。

（4）打开一个文件夹。

将当前文件夹打开的方法有以下 3 种：

● 双击或单击"导航窗格"中的某一文件夹图标。

● 直接在地址栏中输入文件夹路径，如 C:\Windows，然后按 Enter 键确认。

● 单击"地址栏"左侧的两个工具按钮"后退"按钮◀和"前进"按钮▶，可切换到当前文件夹的上一级文件夹。

任务 3 使用"Windows 资源管理器"窗口选定文件（夹）

（1）选定文件（夹）或对象。

在"Windows 资源管理器"窗口的导航窗格中依次单击"本地磁盘（C:）"→Windows→Media，此时文件夹 Media 的内容显示在"Windows 资源管理器"的右窗格中。

（2）选定一个对象。

将鼠标指针指向文件"Windows 登录声.wav"图标，单击即可选定该对象。

（3）选定多个连续对象。

单击"查看"→"列表"命令，将 Media 文件夹下的内容对象以列表形式显示在右窗格中，单击选定"Windows 登录声.wav"，再按住 Shift 键，然后单击要选定的"Windows 通知.wav"，再释放 Shift 键，此时可选定两个文件对象之间的所有对象；也可将鼠标指针指向显示对象窗格中的某一空白处，按下鼠标左键拖拽到某一位置，此时鼠标指针拖出一个矩形框，矩形框交叉和包围的对象将全部被选中。

（4）选定多个不连续对象。

在文件夹 Media 中，单击要选定的第一个对象，再按住 Ctrl 键，然后依次单击要选定的对象，再释放 Ctrl 键，此时可选定多个不连续的对象。

（5）选定所有对象。

单击"编辑"→"全部选定"命令或按 Ctrl+A 组合键，可将当前文件夹下的全部对象选中。

（6）反向选择对象。

单击"编辑"→"反向选择"命令，可以选中此前没有被选中的对象，同时取消已被选中的对象。

（7）取消当前选定的对象。

单击窗口中的任一空白处或按键盘上的任意一个光标移动键。

任务 4　文件（夹）的创建与更名

操作方法及步骤如下：

（1）打开"计算机"或"Windows 资源管理器"或 Administrator 文件夹中的"我的文档"窗口。

（2）选中一个驱动器符号（这里选择"本地磁盘（C:）"），双击打开该驱动器窗口。

（3）单击"文件"→"新建"命令，然后再在下一级菜单中选择要新建的文件类型或文件夹，如图 2-3 所示。

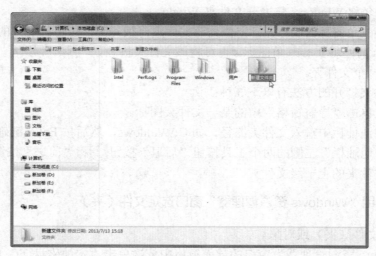

图 2-3　新建一个文件或文件夹

要创建一个空文件夹，也可在"计算机"窗口的工具栏中单击"新建文件夹"按钮。

（4）文件（夹）的重命名：单击选定要重命名的文件（夹），再单击"文件"→"重命名"命令，这时在文件（夹）名称框处出现一个不断闪动的竖线即插入点，直接输入新的文件（夹）名称，如 Mysite，然后按 Enter 键或在其他空白处单击。

为一个文件（夹）重命名的方法还有以下几种：①将鼠标指针指向需要重命名的文件（夹）并右击，在弹出的快捷菜单中选择"重命名"命令；②将鼠标指针指向文件（夹）名称处单击选中该文件（夹），再单击；③选中需要重命名的文件后，直接按 F2 功能键。

任务 5　文件（夹）的复制、移动与删除

复制文件（夹）的方法有：

- 选择要复制的文件（夹），如 C:\Mysite，按住 Ctrl 键拖拽到目标位置如 D 盘。
- 选择要复制的文件（夹），按住鼠标右键并拖拽到目标位置，松开鼠标，在弹出的快捷菜单中选择"复制到当前位置"命令。
- 选择要复制的文件（夹），单击"编辑"→"复制"命令（或右击，在弹出的快捷菜单中选择"复制"命令；也可按 Ctrl+C 快捷键），然后定位到目标位置，单击"编辑"→"粘贴"命令（或右击，在弹出的快捷菜单中选择"粘贴"命令，或直接按 Ctrl+V 快捷键）。

移动文件（夹）的方法有：

- 选择要移动的文件（夹），如 C:\Mysite，单击"编辑"→"剪切"命令（或右击，在弹出的快捷菜单中选择"剪切"命令；也可按 Ctrl+X 快捷键），然后定位到目标位置，单击"编辑"→"粘贴"命令（或右击，在弹出的快捷菜单中选择"粘贴"命令；或按 Ctrl+V 快捷键）。
- 在"计算机"或"Windows 资源管理器"窗口中，单击"编辑"→"移动到文件夹"命令，在弹出的"移动项目"对话框中选择要移动到的目标文件夹位置，单击"移动"按钮。

提示：使用"编辑"→"复制到文件夹"或"移动到文件夹"命令也可进行复制或移动的操作。

删除文件（夹）的方法有：

- 选择要删除的文件（夹），如 C:\Mysite，按 Delete 键。
- 选择要删除的文件（夹）并右击，在弹出的快捷菜单中选择"删除"命令。
- 选择要删除的文件（夹），单击"文件"菜单或"组织"按钮并选择"删除"命令。

执行上述命令或操作后，在弹出的如图 2-4 所示的"删除文件（夹）"对话框中单击"是"按钮。

图 2-4　"删除文件夹"对话框

在删除时，若按住 Shift 键不放，则会弹出和图 2-4 的提示信息不同的"删除文件夹"对话框，单击"是"按钮，则删除的文件（夹）不送到"回收站"而直接从磁盘中删除。

任务 6　设置与查看文件（夹）的属性

选定要查看属性的文件（夹），如 C:\Mysite，右击，在弹出的快捷菜单中选择"属性"命令，则弹出文件（夹）的属性对话框，可查看该文件（夹）的属性。

双击打开 C:\Mysite，右击，在弹出的快捷菜单中选择"新建"命令，在下一级菜单中选择"Microsoft Word 文档"，建立一个空白的 Word 文档；右击该新建文档，在弹出的快捷菜单中选择"属性"命令，打开该文件的属性对话框，观察此文件的各种属性。

任务 7　搜索窗口的打开

打开搜索窗口的方法有：

- 打开"计算机"或"Windows 资源管理器"窗口，单击左侧导航窗格中要搜索的磁盘或文件夹，然后再在窗口右上方的"搜索"栏中输入要搜索的文件或文件夹名称，单击"搜索"按钮 🔍，系统弹出搜索列表，选择一个已有的条件，系统即可开始进行搜索，如图 2-5（a）所示。

  注：在"搜索"栏中可以设置合适的条件进行搜索。

  ➢ 文件名可使用通配符"*"和"？"来帮助进行搜索。其中，"*"表示代替文件名中任意长的一个字符串；"？"表示代替一个单个字符。

  ➢ 在"搜索"栏中用户还可以添加"修改日期"或"大小"作为筛选条件，进行精确的搜索。

- 按 ⊞+F 组合键可打开"搜索结果"窗口，然后进行搜索，如查找"本地磁盘（C:）"中的文件夹 Mysite，搜索结果如图 2-5（b）所示。

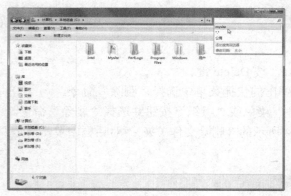 

（a）设置搜索条件　　　　　　　　　　　　（b）搜索结果

图 2-5　利用"搜索"栏进行查找

任务 8　"回收站"的使用

（1）"回收站"的打开。打开"回收站"的方法有：

- 双击桌面上的"回收站"图标 🗑/🗑。
- 右击桌面上的"回收站"图标，在弹出的快捷菜单中选择"打开"命令。

（2）还原文件（夹）。还原已删除的某文件（夹）的操作步骤如下：

1）在"回收站"窗口中选中要还原的文件或文件夹。

2）单击"文件"→"还原"命令，或右击并选择"还原"命令。

（3）彻底删除一个文件（夹）。要彻底删除一个或多个文件（夹），可以在"回收站"中选择这些文件（夹）并右击，在弹出的快捷菜单中选择"删除"命令。

（4）清空"回收站"。清空"回收站"的方法有：

● 单击"文件"→"清空回收站"命令。

● 在"回收站"窗口的空白处右击，在弹出的快捷菜单中选择"清空回收站"命令。

● 在桌面上右击"回收站"图标，在弹出的快捷菜单中选择"清空回收站"命令。

任务 9 "回收站"的属性设置

（1）在桌面上右击"回收站"图标，在弹出的快捷菜单中选择"属性"命令，弹出"回收站 属性"对话框，如图 2-6 所示。

图 2-6 "回收站 属性"对话框

（2）在其中可通过调整回收站所占磁盘空间的大小来设置回收站存放删除文件的空间。

（3）勾选"显示删除确认对话框"复选框，则在用户进行删除操作时会出现提示对话框，否则不出现提示对话框。

（4）选中"不将文件移到回收站中。移除文件后立即将其删除"单选按钮，则用户进行删除操作时将文件直接进行彻底删除操作。

任务 10 库的使用

Windows 7 中的"库"可使用户更方便地管理散落在计算机中的各种文件，使用户日后再也不必打开层层的文件夹寻找所要的文件，只要添加到库中就可以方便地找到它们。

（1）打开"库"。在"开始"菜单的"搜索"框中输入"库"（也可以单击"计算机"或"Windows 资源管理器"窗口中的"库"图标），"Windows 资源管理器"就打开了库，里面有文档、音乐、图片、视频等文件夹，如图 2-7 所示。

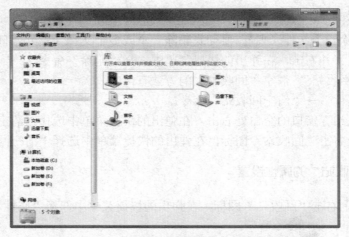

图 2-7   "Windows 资源管理器"窗口中的库

（2）将文件（夹）添加到库。

将文件（夹）添加到库中的方法为：右击想要添加到库中的文件（夹），在弹出的快捷菜单中选择"包含到库"，再选择包含到哪个库中，如图 2-8 所示。

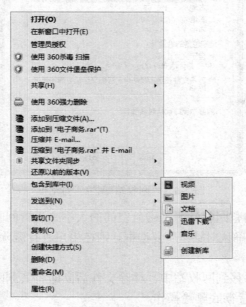

图 2-8   快捷菜单

如果要添加的文件夹已经打开，可以在工具栏中单击 包含到库中 ▼ 按钮，再选择要添加到哪个库。

（3）建立新库。在"库"窗口中单击工具栏中的 新建库 按钮，也可以右击并选择"新建"→"库"命令，新库建立后重新命名即可。

如果某个库不需要了，则可以删除，删除的方法与删除文件（夹）相同。

（4）添加网络共享文件夹到库中。

操作方法及步骤如下：

1）将文件夹关联到库中，只需简单操作即可实现。除了关联本地文件夹以外，还可以关联网络或家庭组中他人共享的文件夹到本机的库中，访问起来更加方便。打开需要建立关联的库，本例使用"文档"库。单击"位置"链接处，如图 2-9 所示。

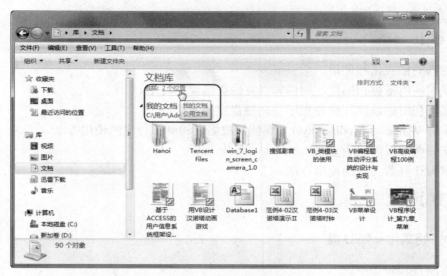

图 2-9　打开需要建立关联的库

2）在弹出的对话框中列出了目前该库中关联的文件夹及其路径，单击"添加"按钮，如图 2-10 所示。

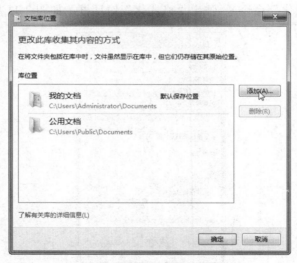

图 2-10　"文档库位置"对话框

3）弹出"将文件夹包括在文档中"对话框，选择家庭组或网络中的计算机，找到其共享的库或文件夹并选中，单击"包括文件夹"按钮。

添加共享的库或文件夹时需要注意以下两点：

● 通过家庭组访问对方的计算机时，可以看到对方共享的库，如果访问网络中他人的计算机，将只能看到共享库中的文件夹和文件。

● 如果需要将对方共享的库关联到你的计算机中，则必须通过访问家庭组进行关联。

训练项目 3　磁盘管理与几个实用程序

【训练目标】

- 磁盘的格式化与使用。
- 掌握利用磁盘扫描程序扫描和修复磁盘错误的方法。
- 掌握利用磁盘碎片整理程序整理磁盘空间方法。
- 掌握 Windows Media Player（媒体播放器）和画图程序的使用方法。
- 掌握剪贴板的使用方法。
- 掌握计算器工具的使用方法。

【训练内容】

任务 1　格式化一张 U 盘

操作方法及步骤如下：

（1）打开"计算机"或"Windows 资源管理器"窗口，选择要进行格式化的磁盘符号，这里选择"可移动磁盘"。

（2）单击"文件"菜单（或"组织"列表框）中的"格式化"命令（或右击，在弹出的快捷菜单中选择"格式化"命令），弹出"格式化"对话框，如图 2-11 所示。

图 2-11　"格式化"对话框

（3）在其中确定磁盘的容量大小、设置磁盘卷标名（最多使用 11 个合法字符）、确定格式化选项（如快速格式化），设置完毕后单击"开始"按钮，开始格式化所选定的磁盘。

任务 2　利用任务 1 中已格式化的 U 盘完成下面的操作内容

- 建立一级子文件夹 WJ1、二级子文件夹 WJ11 和 WJ12。
- 打开二级文件夹 WJ12，将 C:\Windows\system32\format.com 复制到该文件夹下。

● 将 format.com 文件重新命名为 format.exe。

操作方法及步骤如下：

（1）打开"计算机"或"Windows 资源管理器"窗口，选择 U 盘并双击。

（2）单击"文件"→"新建"→"文件夹"命令。

（3）这时 U 盘空白处出现新建文件夹，将新建文件夹重新命名为 WJ。

（4）双击文件夹 WJ 打开，在空白处右击，在弹出的快捷菜单中选择"新建"→"文件夹"命令，新建两个子文件夹 WJ11 和 WJ12。

（5）双击文件夹 WJ12 打开，将文件夹窗口最小化。

（6）再次打开"计算机"或"Windows 资源管理器"窗口，依次双击 C: →Windows→system32 并找到文件 format.com。

（7）右击文件 format.com，在弹出的快捷菜单中选择"复制"命令。

（8）单击任务栏中的文件夹 WJ12 图标，在随后还原的 WJ12 窗口中右击，在弹出的快捷菜单中选择"粘贴"命令，这时文件 format.com 就复制到了该处。

（9）选择 format.com 文件，单击"文件"→"重命名"命令，将文件 format.com 更名为 format.exe。

任务 3　查看上面所用磁盘的属性并将该磁盘卷标命名为 mydisk1

操作方法及步骤如下：

（1）打开"计算机"或"Windows 资源管理器"窗口，选择要查看属性的磁盘符号（如可移动磁盘 H:）。

（2）单击"文件"菜单（或"组织"列表框）中的"属性"命令（或右击，在弹出的快捷菜单中选择"属性"命令），弹出"可移动磁盘属性"对话框，如图 2-12 所示。在其中可以详细地查看该磁盘的使用信息，如磁盘的已用空间、可用空间及文件系统的类型。

图 2-12　"可移动磁盘属性"对话框

（3）单击卷标名文件框处，输入卷标名 mydisk1。

任务 4　使用磁盘清理程序

操作方法及步骤如下：

（1）单击"开始"→"所有程序"→"附件"→"系统工具"→"磁盘清理"命令，系统弹出"选择驱动器"对话框。

（2）单击"驱动器"下拉列表框，选择一个要清理的驱动器符号，如 C:，单击"确定"按钮。

（3）弹出"磁盘清理"对话框（如图 2-13 所示），在其中选择要清理的文件（夹）。如果单击"查看文件"按钮，则可以查看文件中的详细信息。

（4）单击"确定"按钮，系统弹出磁盘清理确认对话框，单击"是"按钮，系统开始清理并删除不需要的垃圾文件（夹）。

任务 5　使用磁盘碎片整理程序

操作方法及步骤如下：

（1）单击"开始"→"所有程序"→"附件"→"系统工具"→"磁盘碎片整理程序"命令，系统弹出如图 2-14 所示的"磁盘碎片整理程序"窗口。

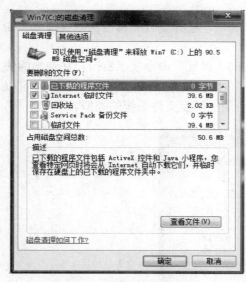

图 2-13　"磁盘清理"对话框

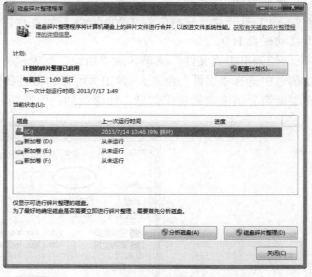

图 2-14　"磁盘碎片整理程序"窗口

（2）选中要分析或整理的磁盘，如选择 D 盘，单击"磁盘碎片整理"按钮，系统开始整理磁盘。

任务 6　Windows Media Player（媒体播放器）的使用

操作方法及步骤如下：

（1）单击"开始"→"所有程序"→Windows Media Player 命令，系统打开如图 2-15 所示的 Windows Media Player 播放器窗口（实际上打开 Windows Media Player 播放器最简单的方

法是单击任务栏中的 Windows Media Player 图标 ▶）。

图 2-15　Windows Media Player 播放器窗口

（2）单击"文件"→"打开"命令，加载要播放的一首或多首歌曲，如赵咏华一最浪漫的事。

（3）按住鼠标左键，移动窗口底部的音量滑块————○———调节音量大小。

（4）单击按钮 |◄◄ 或 ►►| 到上一首或下一首歌曲。如果单击"播放"→"无序播放"命令（或按 Ctrl+H 组合键），可启动随机播放功能。

（5）单击"文件"→"打开"命令，在弹出的"打开"对话框中选择要加载播放的影片，如奴隶，单击"打开"按钮，该影片即可放映。

（6）单击"文件"→"打开 URL"命令，弹出"打开 URL"对话框，正确填写要播放音乐和电影的网址，可在线进行播放。

任务 7　计算器的使用

操作方法及步骤如下：

（1）单击"开始"→"所有程序"→"附件"→"计算器"命令，运行"计算器"程序。

（2）单击"查看"→"科学型"命令，打开"科学型"计算器窗口，如图 2-16 所示。

图 2-16　"科学型"计算器窗口

（3）执行简单的计算。利用"标准型"或"科学型"计算器做一个简单的计算，如 4*9+15，方法是：输入计算的第一个数字 4；单击"*"按钮执行乘法运算；输入计算的下一个数字 9；输入所有剩余的运算符和数字，这里是+15；单击"="按钮，得到结果为 51。

（4）执行统计计算。利用"统计信息"计算器可以进行统计计算，如计算 1+2+3+⋯+10=？，方法是：单击"查看"→"统计信息"命令，计算器的界面如图 2-17 所示。接下来，输入首个数据 1；然后单击 Add 按钮，将该数字添加到界面上方的"数据集"区域；依次键入其余的数据，每次输入之后单击 Add 按钮。

图 2-17   "统计信息"计算器窗口

单击 $\bar{x}$ 、$\sum x$ 、σ_n 和 σ_{n-1} 等按钮，可以求出连加的平均值为 5.5，和为 55，标准差为 2.87，样本标准差为 3.03。

（5）单击"编辑"→"复制"（或按 Ctrl+C 组合键）命令，可将计算结果保存在剪贴板中，以备将来其他程序使用。

（6）请利用计算器将下列数学式子计算出来并填入空中：

$\cos \pi + \log 20 + (5!)^2 = （\qquad）$

$(4.3 - 7.8) \times 2^2 - \dfrac{3}{5} = （\qquad）$

$\left[1\dfrac{1}{24} - \left(\dfrac{3}{8} + \dfrac{1}{6} - \dfrac{3}{4} \right) \times 24 \right] \div 5 = （\qquad）$

任务 8   将当前屏幕内容复制到剪贴板并利用剪贴板查看器观察复制结果

操作方法及步骤如下：

（1）打开一个窗口，如"计算机"，按 PrintScreen 键，复制桌面图像到剪贴板中；如果按 Alt+PrintScreen 组合键，则可将当前窗口图像如"计算机"窗口复制到剪贴板中。

（2）单击"开始"→"所有程序"→"附件"→"写字板"命令，打开"写字板"程序窗口。

（3）单击"主页"选项卡中的"粘贴"按钮，这时出现抓取的窗口界面。

训练项目 4　Windows 7 系统的设置与维护

【训练目标】

- 控制面板中常用命令的功能与特点。
- 显示器的显示、个性化、区域属性和系统/日期设置的方法。
- 输入法的配置、打印机的安装和使用方法。
- 应用程序的安装与卸载的方法。

【训练内容】

任务 1　控制面板的打开与浏览

操作方法及步骤如下：

（1）单击"开始"→"控制面板"命令（用户也可以打开"计算机"窗口，在工具栏中单击 打开控制面板 按钮），打开"控制面板"窗口。

（2）将鼠标指针指向某一类别的图标或名称，可以显示该项目的详细信息。

（3）要打开某个项目，可以双击该项目图标或类别名。

（4）单击工具栏"查看方式"列表框中的某个命令，用户可以"类别"、"大图标"和"小图标"3 种方式改变控制面板的视图显示方式（以下实验内容均在"大图标"视图界面下进行）。

任务 2　打印机的安装

操作方法及步骤如下：

（1）打开"控制面板"窗口，单击"设备和打印机"图标（也可单击"开始"→"设备和打印机"命令），打开"设备和打印机"窗口，如图 2-18 所示。

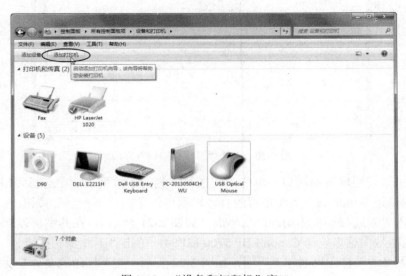

图 2-18　"设备和打印机"窗口

（2）在窗口工具栏中单击"添加打印机"按钮，弹出"添加打印机"向导对话框，如图 2-19 所示。

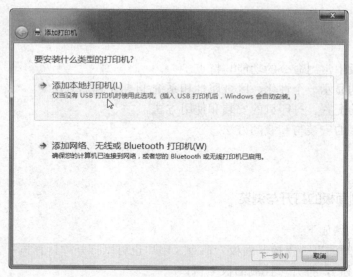

图 2-19 "添加打印机"向导对话框

（3）在"要安装什么类型的打印机？"界面中单击"添加本地打印机"，进入"选择打印机端口"界面，如图 2-20 所示。

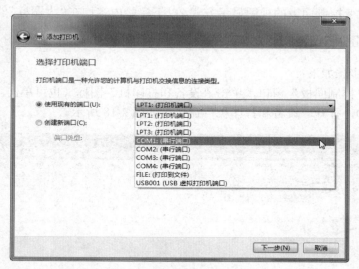

图 2-20 "选择打印机端口"界面

（4）选中"使用现有的端口"单选项并在其右侧的下拉列表框中选择"LPT1：（打印机端口）"，该端口是 Windows 7 系统推荐的打印机端口，单击"下一步"按钮。

（5）进入"安装打印机驱动程序"界面（如图 2-21 所示），在其中可以选择打印机生产厂商和打印机型号，这里选择 Canon LBP 5700 LIPS4，单击"下一步"按钮。

（6）进入"键入打印机名称"界面，如图 2-22 所示。在"打印机名称"文本框中输入打印机的名称，如 Canon LMP 5700 LIPS4，单击"下一步"按钮。

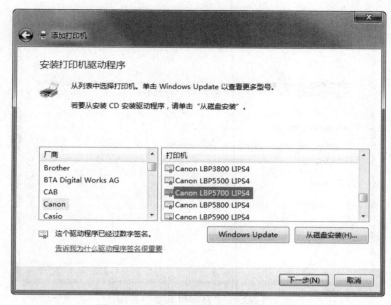

图 2-21　"安装打印机驱动程序"界面

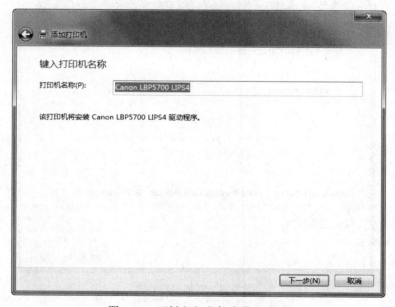

图 2-22　"键入打印机名称"界面

（7）系统开始安装该打印机的驱动程序。稍等一会儿，驱动程序安装完后会进入"打印机共享"界面，如图 2-23 所示。如果要在局域网上共享这台打印机，则单击"共享此打印机以便网络中的其他用户可以找到并使用它"单选项并输入共享名称，否则单击"不共享这台打印机"单选项，然后单击"下一步"按钮。

（8）进入添加成功界面，如图 2-24 所示。若想将这台打印机设为默认打印机则勾选"设置为默认打印机"复选框，单击"打印测试页"按钮可测试打印效果，最后单击"完成"按钮。

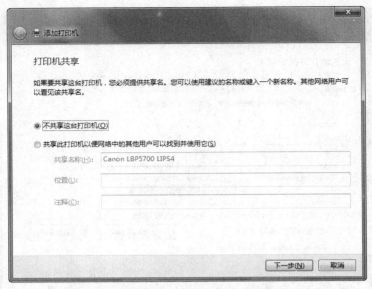

图 2-23   "打印机共享"界面

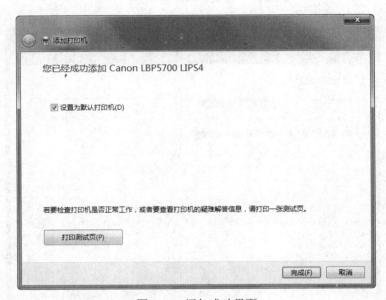

图 2-24   添加成功界面

任务 3   自定义"开始"菜单

操作方法及步骤如下：

（1）打开"控制面板"窗口。

（2）双击"任务栏和「开始」菜单"选项（也可将鼠标指针指向任务栏的空白处并右击，在弹出的快捷菜单中选择"属性"命令），弹出如图 2-25 所示的对话框。

（3）单击"「开始」菜单"选项卡，如图 2-26 所示。单击"自定义"按钮，弹出"自定义「开始」菜单"对话框，如图 2-27 所示。

图 2-25　"任务栏和「开始」菜单属性"对话框　　　　图 2-26　"「开始」菜单"选项卡

（4）在"您可以自定义「开始」菜单上的链接、图标以及菜单的外观和行为"列表框中勾选"使用大图标"选项，可以在"开始"菜单中以大图标显示各程序项；在"「开始」菜单大小"区域中的"要显示的最近打开过的程序的数目"输入框中指定在"开始"菜单中显示常用快捷方式的个数，系统默认为 10 个，如果设置为 0，则可清除"开始"菜单中所有的快捷方式；在"要显示在跳转列表中的最近使用的项目数"输入框中指定显示在跳转列表中的最近使用的项目数。最后单击"确定"按钮。

跳转列表的使用方法如下：

1）把鼠标停在"开始"菜单中的程序上面，会展开一个列表，显示最近打开过的文档，如图 2-28 所示。

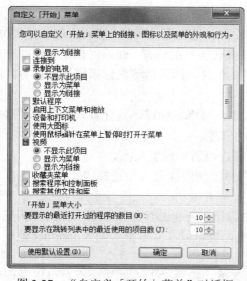

图 2-27　"自定义「开始」菜单"对话框　　　图 2-28　"开始"菜单中显示出来的跳转列表

2）右击跳转列表中的某一个项目，在弹出的快捷菜单中选择"锁定到任务栏"命令（如

图 2-29 所示）；或者直接把该项目拖到任务栏，则可将此项目添加到任务栏中。

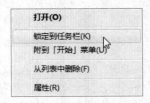

图 2-29　使用快捷菜单将项目锁定到任务栏中

3）如果想让有些文档一直留在列表中，则单击它右边的"小图钉"按钮 📌，再单击"小图钉"按钮则可解除固定，如图 2-30 所示。

图 2-30　用"小图钉"按钮固定列表中的项目

任务 4　任务栏的管理

操作方法如下：

（1）将鼠标指针指向任务栏的空白处并右击，在弹出的快捷菜单中选择"属性"命令，弹出如图 2-25 所示的对话框。

（2）隐藏任务栏。有时需要将任务栏进行隐藏，以便桌面显示更多的信息。要隐藏任务栏，只需选中"自动隐藏任务栏"复选框。

（3）移动任务栏。如果用户希望将任务栏移动到其他位置，则在"屏幕上的任务栏位置"下拉列表框中选择一个位置。如果直接使用鼠标改变任务栏的位置，则须先在任务栏的空白处右击，在弹出的快捷菜单中取消对"锁定任务栏"的勾选，然后再将鼠标指针指向任务栏的空白处，按下鼠标拖拽到桌面四周。

（4）改变任务栏的大小。要改变任务栏的大小，可将鼠标移动到任务栏的边上，这时鼠标指针变为双箭头形状，按下并拖拽鼠标至合适的位置。

（5）勾选"使用 Aero Peek 预览桌面"复选框，可透明预览桌面。

（6）添加工具栏。右击任务栏的空白处，在弹出的快捷菜单中选择"工具栏"，在其子菜单中选择相应的选项。

（7）创建工具栏。在任务栏的工具栏菜单中选择"新建工具栏"命令，弹出"新建工具栏"对话框，在列表框中选择新建工具栏的文件夹，也可以在文本框中输入 Internet 地址，然后单击"确定"按钮即可在任务栏上创建个人的工具栏。

创建新的工具栏之后，再打开任务栏的快捷菜单，指向"工具栏"命令时可以发现新建工具栏名称出现在了它的子菜单中，且在工具栏的名称前有一符号"√"。

任务5 查看与更改日期/时间

操作方法及步骤如下：

（1）单击"控制面板"窗口中的"日期和时间"图标，或右击任务栏右侧的日期和时间通知区，在弹出的快捷菜单中选择"调整日期/时间"命令，弹出"日期和时间"对话框，如图 2-31 所示。

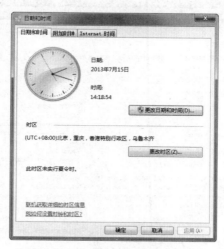

图 2-31 "日期和时间"对话框

（2）单击"更改日期和时间"按钮，弹出如图 2-32 所示的"日期和时间设置"对话框，在其中可以设置日期和时间，设置后单击"确定"按钮返回。

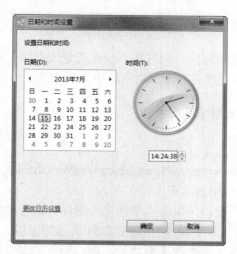

图 2-32 "日期和时间设置"对话框

（3）单击"更改时区"按钮，用户可以在弹出的"时区设置"对话框中设置时区值，设置后单击"确定"按钮返回。

（4）单击"Internet 时间"选项卡，可以设置计算机与某台 Internet 时间服务器同步；单击"附加时钟"选项卡，可以设置添加在"日期和时间"通知区的多个时间。

任务6　卸载或更改程序

操作方法及步骤如下：

（1）打开"控制面板"窗口，单击"程序和功能"图标，弹出如图2-33所示的"程序和功能"界面。

图2-33　"程序和功能"界面

（2）如果要删除一个应用程序，则可在"卸载或更改程序"列表框中选择要删除的程序名，单击"卸载/更改"按钮，然后在出现的向导中选择合适的命令或步骤。

任务7　屏幕个性化与分辨率的设置

操作方法及步骤如下：

（1）从网址 http://windows.microsoft.com/zh-cn/windows/themes 下载所需要的主题 Chickens-CantFly_mc（鸡不会飞）并应用到本机上。

（2）打开"控制面板"窗口，单击"个性化"图标（也可在桌面的空白处右击，在弹出的快捷菜单中选择"个性化"命令），打开如图2-34所示的窗口。

（3）在"单击某个主题立即更改桌面背景、窗口颜色、声音和屏幕保护程序"列表框中选择一个主题；分别单击"桌面背景"、"窗口颜色"、"声音"和"屏幕保护程序"命令，可设置桌面背景、窗口显示的颜色、操作所发出的声音以及屏幕保护程序等。

（4）单击导航窗格中的"显示"命令，或单击"控制面板"中的"显示"图标，打开如图2-35所示的屏幕"显示"窗口，用户可以设置合适的显示比例。

图 2-34　"个性化"设置窗口

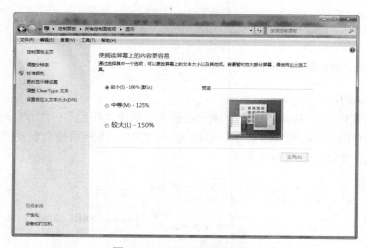

图 2-35　"显示"设置窗口

模块三　文字处理软件 Word 2010

训练项目 1　Word 2010 的基本操作

【训练目标】

- 掌握 Word 的各种启动方法。
- 熟悉 Word 的编辑环境，掌握文本中汉字的插入、替换和删除。
- 学会用不同方式保存文档。

【训练内容】

任务 1　Word 2010 的启动与关闭

1. 启动 Word 2010

通过"开始"菜单启动 Word 2010 的操作步骤为：单击"开始"→"所有程序"→Microsoft Office→Microsoft Office Word 2010 命令，启动 Word 2010，同时系统会自动建立一个名为"文档 1"的空白 Word 文档，如图 3-1 所示。

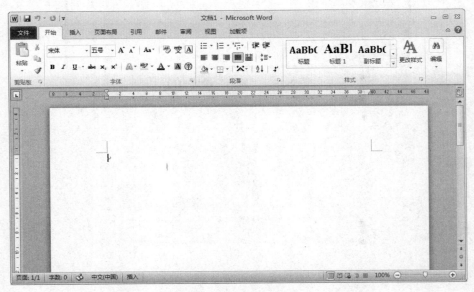

图 3-1　Word 2010 窗口

2. 退出 Word 2010

退出 Word 的方法主要有：

- 单击窗口右上角的"关闭"按钮 ❌。

- 单击"文件"→"退出"命令。
- 按 Alt+F4 组合键。

任务2 了解 Word 2010 的工作界面

中文 Word 2010 的主控窗口主要由快速访问工具栏、标题栏、选项卡名称区、功能区、状态栏、视图栏、缩放标尺、标尺按钮及任务窗格等组成。

任务3 创建新文档

操作方法及步骤如下：

（1）在可读写的磁盘上（如 E 盘）创建一个文件夹（如"SHJSHJ 上机实践"），用来存放上机实践中的 Word 文档。

（2）首次进入 Word 时自动创建"文档 1"；单击"文件"→"新建"命令，在打开的如图 3-2 所示的面板中选择"空白文档"选项并单击"创建"按钮创建一个空白文档；单击快速访问工具栏中的"新建"按钮也可打开一个空白文档窗口。

图 3-2 "新建文档"面板

（3）单击任务栏中的输入法图标，弹出输入法菜单，在其中选择一种汉字输入方式，如"微软智能输入法"。

（4）按下面的格式输入一段文字。首行不要用空格键或 Tab 键进行首行缩进，当输入的文本到达一行的右端时 Word 会自动换行，只有一个段落内容全部输入完后，才可按 Enter 键。如果需要在一个段落中间换行，可用 Shift+Enter 组合键产生一个软回车。

文档内容如下：

计算机经历了五个阶段的演化

回顾计算机的发展，人们总是津津乐道第一代电子管计算机、第二代计算机、第三代小规模集成电路计算机、第四代超大规模集成电路计算机。至于第五代计算机，过去总是说日本的 FGCS，甚至还有第六代、第七代等设想。然而，FGCS 项目（1982 年～1991 年）并未达到预期的目的，与当初耸人听闻的宣传相比，可以说是失败了。至此，五代机的说法便销声匿迹。

这种"直线思维"其实只是对大形主机发展的描述和预测。事物的发展并不以人们的主观意志为转移，它总是在螺旋式上升。最近 20 年的发展，特别是微型计算机及网络创造的奇迹，使"四代论"显得苍白乏力。早就应该对这种过时的提法进行修正了。

我们认为现代电子计算机经历了五个阶段的演化：

一、大形主机（Mainframe）阶段，即传统大型机的发展阶段；

二、小型机（Minicomputer）阶段；

三、微型机（Microcomputer）阶段，即个人计算机的发展阶段；

四、客户机/服务器（Client/Server）阶段；

五、互联网（Internet/Intranet）阶段；

这里有几点需要说明：首先，虽然小型机抢占了大形主机的不少世袭领地，微型机又占据了大型机和小型机的许多地盘，但是它们谁都不能把对方彻底消灭。这五个阶段不是逐个取而代之的串行关系，而是优势互补、适者生存的并行关系。因此，我们没有规定具体的起止时间。粗略地说，第一阶段从 20 世纪 50 年代始，第二阶段从 20 世纪 60 年代始，第三阶段从 20 世纪 70 年代始，第四阶段从 20 世纪 80 年代始，第五阶段从 20 世纪 90 年代开始，这基本上是合适的。

（5）文档内容输入完后，单击快速访问工具栏中的"保存"按钮📄（或单击"文件"→"保存"或"另存为"命令），弹出"另存为"对话框，如图 3-3 所示。在"文件名"文本框中输入文件名，如 Word1，在"保存类型"下拉列表框中选择"Word 文档"，在"组织"任务窗格中选取文件夹，本例是"SHJSHJ 上机实践"，单击"保存"按钮。

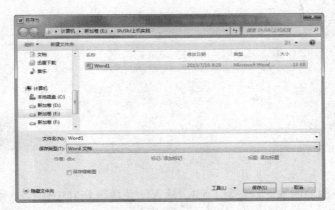

图 3-3 "另存为"对话框

文本的输入是 Word 操作的基本功，用户应加强这方面的训练。通常情况下，文本输入过程中是以纯文本方式进行的，如果在输入的同时进行格式设置的话，不仅影响输入速度和正确率，还会给今后的编辑带来不少麻烦。

1. 文本的输入

（1）设置插入点。把鼠标指针指向插入内容的开始位置并单击。

（2）选择输入法。Word 启动后处于英文输入法状态，输入中文时，需要切换到中文输入法状态。单击任务栏右侧的输入法指示器图标 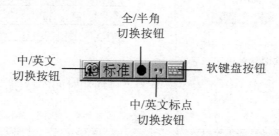，在弹出的菜单中选择一种中文输入法，在此以智能 ABC 输入法为例，此时屏幕上出现输入法工具条，如图 3-4 所示。也可按 Ctrl+ Shift 组合键，将依次循环显示已安装的各种输入法，从中选择一种输入法；按 Ctrl+ Space 组合键，可实现中/英文输入法的切换。

图 3-4　输入法工具条

在文本输入过程中，当文字占满一行时会自动跳到一下行，只有想创建一个新段落时才需要按回车键，此时会产生一个段落标记↵。

2. 符号的插入

在输入文本过程中，常常需要输入一些标点符号和特殊符号（如希腊字母、数学符号或运算符、汉字偏旁部首等），可以通过以下方法输入：单击"插入"选项卡"符号"组中的"符号"按钮，可显示一些快速添加符号，直接单击需要的符号项即可。如果需要的符号不在此列，可选择"其他符号"命令，弹出"符号"对话框，可在"符号"选项卡的"字体"下拉列表框中选择字体，在"子集"下拉列表框中选择一个专用字符集，然后在下面的列表框中选择要输入的字符，如图 3-5 所示。

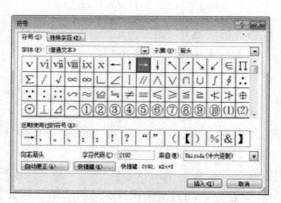

图 3-5　"符号"对话框

常用符号的插入还可以通过输入法工具条中的"软键盘"来快速实现，方法为：右击输入法工具条中的"软键盘"按钮，在弹出的快捷菜单中选择符号类别，如图 3-6 所示，然后单击软键盘上相应的按键，即可输入相应的特殊符号，如图 3-7 所示。再次单击"软键盘"按钮，关闭软键盘。

3. 日期和时间的输入

当需要输入当前日期或时间时，可以使用以下方法：

（1）将插入点移至需要插入日期或时间的位置。

图 3-6　软键盘菜单　　　　　　　　　　图 3-7　软键盘

（2）单击"插入"选项卡"文本"组中的"日期和时间"按钮，弹出"日期和时间"对话框，如图 3-8 所示。

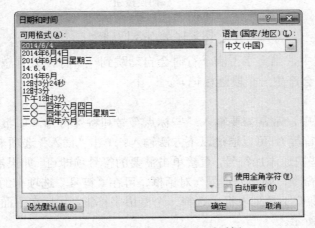

图 3-8　"日期和时间"对话框

（3）在"语言"下拉列表框中选择"中文"。

（4）在"可用格式"列表框中选定"2014-6-4"。

（5）单击"确定"按钮。

任务 4　编辑文档

（1）单击快速访问工具栏中的"打开"按钮，选择打开任务 3 中建立的 Word 文档（如 Word1.docx）。

（2）移动插入点到要修改的位置，单击状态栏中的"插入"按钮进行插入/改写字符的操作。用 Backspace 或 Delete 键进行字符的删除操作。如将"第二代计算机"改为"第二代晶体管计算机"，方法为把插入点移到"计"字的前面，将编辑状态设置为"插入"，再输入"晶体管"三个字。

任务 5　保存文档

保存文档的方法有以下几种：

● 单击快速访问工具栏中的"保存"按钮（或按 Ctrl+S 组合键），修改后的文档以原文件名存盘。

● 单击"文件"→"另存为"命令，弹出"另存为"对话框，在"文件名"文本框中输入新的文件名，在"保存类型"下拉列表框中选择"纯文本"，修改后的文件以新的文件名（如 Word2.txt）存放在文件夹中，实现文档的备份保存。

- 单击窗口右上角的"关闭"按钮，在弹出的提示保存对话框中单击"是"按钮。

注意：对于已保存过的文档，也可采用上述方法进行保存，但是不会弹出提示保存对话框。

训练项目 2　Word 文档的编辑

【训练目标】

- 熟练掌握 Word 文档的浏览和定位。
- 掌握选定内容长距离和短距离移动和复制的方法以及选定内容的删除方法。
- 掌握一般字符和特殊字符的查找与替换，及部分和全部内容的查找与替换方法。
- 掌握设置查找条件的方法。

【训练内容】

任务 1　文本的选定、复制和删除

操作方法及步骤如下：

（1）打开训练项目 1 所保存的文档（Word1.docx），在文章最后输入以下内容：

还有，我们有意忽略了巨型机的发展，并不是因为它不重要，而是因为它比较特殊。巨型机和微型机是同一时代的产物，一个是贵族，一个是平民。在轰轰烈烈的电脑革命中，历史没有被贵族左右，而平民却成了运动的主宰。

其次，把网络纳入计算机体系结构是合情合理的，网络是计算机通信能力的自然延伸，网上的各种资源是计算机存储容量的自然扩充。你可以把网络分为网络硬件和网络软件，而网络硬件又可以分为计算机和通信设备等。但是，从以人为本的观点来看，人们访问网络的界面仍然主要是 PC。

（2）在输入过程中，对于文档中已存在的文字可通过复制的方法输入，如复制"微型机"，方法为：按下鼠标左键拖动选中"微型机"三个字，按住 Ctrl 键，把鼠标指针指向选定的文本，当指针呈现 形状时拖拽虚线插入点到新位置，松开左键和 Ctrl 键即可。

（3）选定"这里有几点需要说明……，这基本上是合适的。"一段文字，方法为：在行左边的选定栏中拖拽，或双击该段落旁的选定栏，也可在该段落中的任何位置上单击三次。

（4）按 Delete 键或单击"开始"选项卡"剪贴板"组中的"剪切"按钮 ，选定的文本被删除。快速访问工具栏中的"撤消"按钮可撤消本次删除操作。

任务 2　使用工具按钮移动或复制文档

操作方法及步骤如下：

（1）选定"其次，把网络纳入计算机……仍然主要是 PC。"一段文字。

（2）单击"开始"选项卡"剪贴板"组中的"剪切"按钮 ，被选中的文本内容送至剪贴板中，原内容在文档中被删除。

　　（3）将插入点移到"这基本上是合适的。"的下一行，再单击"开始"选项卡"剪贴板"组中的"粘贴"按钮，则完成选定文本的移动。

　　如果选定文本后单击"复制"按钮，则文本内容送到剪贴板且原内容在文档中仍然保留，此时为复制操作。

任务3　文本的一般查找

　　操作方法及步骤如下：

　　（1）单击"开始"选项卡"编辑"组中的"查找"按钮 查找 ▾（或按 Ctrl+F 组合键），弹出如图3-9所示的"导航"任务窗格。

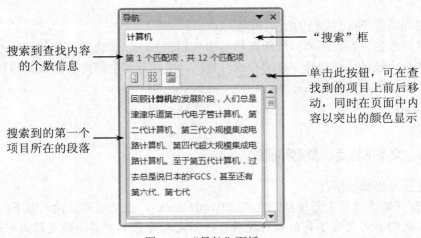

图3-9　"导航"面板

　　（2）在"搜索"框中输入要搜索的文本"计算机"。

　　（3）按 Enter 键开始查找，按 Esc 键可取消正在进行的查找工作。

　　查找的项目内容找到后，页面上会以突出的颜色显示出来，同时在"搜索"框中将显示出查找到的第一个项目所在的段落。

任务4　文本的高级查找

　　操作方法及步骤如下：

　　（1）单击"开始"选项卡"编辑"组中"查找"按钮右侧的下拉列表按钮，在下拉列表中选择"高级查找"命令，弹出"查找和替换"对话框。

　　（2）单击"更多"按钮，在如图3-10所示的扩展对话框中设置所需的选项，如按区分大小写方式查找 Internet，可选择"区分大小写"复选框；如要查找段落标记，可单击"特殊格式"按钮，然后选择其中的"段落标记"选项。

　　（3）单击"查找下一处"按钮。

任务5　替换文本和文本格式

　　将文本中的"微型机"改为"微型计算机"，将 Times New Roman 体的英文 Mainframe 的字体改为宋体。

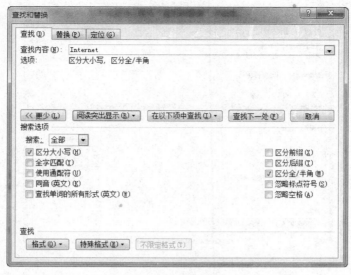

图 3-10　设置查找选项

操作方法及步骤如下：

（1）单击"开始"选项卡"编辑"组中的"替换"按钮，弹出"查找和替换"对话框，如图 3-11 所示。

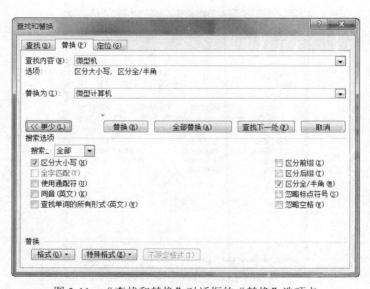

图 3-11　"查找和替换"对话框的"替换"选项卡

（2）在"查找内容"文本框中输入要查找的文本内容"微型机"，在"替换为"文本框中输入替换文本内容"微型计算机"，单击"替换"或"全部替换"按钮。

（3）在"查找内容"文本框中输入要改变格式的文本 Mainframe，在"替换为"文本框中输入替换文本 Mainframe，单击"格式"按钮，在下拉列表（如图 3-12 所示）中选择所需要的格式，如选择"字体"命令，弹出"查找字体"对话框，如图 3-13 所示，在"西文字体"下拉列表框中选择"宋体"，单击"确定"按钮回到"查找和替换"对话框，再单击"替换"或"全部替换"按钮。

图 3-12　替换指定的格式

图 3-13　"查找字体"对话框

训练项目 3　文档格式设置

【训练目标】

- 正确理解设置字符格式和段落格式的含义。
- 通过按钮快速进行字符和段落格式的编排。
- 正确使用菜单命令对字符或段落进行格式设置和编排。

【训练内容】

任务 1 设置字符格式

操作方法及步骤如下：

（1）打开 Word1.docx 文档。

（2）选中第一个"计算机"字样，单击"开始"选项卡"字体"组中的"粗体"按钮 **B**；选中第二个"计算机"字样，单击"斜体"按钮 **I**；选中第三个"计算机"字样，单击"下划线"按钮 **U ▾**。

（3）拖拽鼠标选中上述 3 个"计算机"文字块，单击"字号"下拉列表框将其设置为四号字。

（4）选择要复制格式的第一个"计算机"，单击"开始"选项卡"剪贴板"组中的"格式刷"按钮 ▨（如果要使用多次，可双击），指针变成 ▨[时选择要进行格式编排的第四个"计算机"字样，复制完字符格式后按 Esc 键结束格式刷的功能。

任务 2 设置首字下沉

操作方法及步骤如下：

（1）将插入点移到首字下沉的段落中，如第一段。

（2）单击"插入"选项卡"文本"组中的"首字下沉"按钮 ▨首字下沉，在下拉列表中选择"下沉"或"悬挂"，如图 3-14 所示。

也可以选择"首字下沉选项"命令，弹出"首字下沉"对话框，如图 3-15 所示，然后在"选项"区域中设置下沉文字的字体、下沉行数及下沉文字与后面文字的间距大小，设置完成后单击"确定"按钮。

图 3-14 "首字下沉"下拉列表

图 3-15 "首字下沉"对话框

任务 3 设置段落格式

1. 设置行间距和段间距

操作方法及步骤如下：

（1）选中要更改行间距或段间距的段落。

（2）单击"开始"选项卡"段落"组中的"行和段落间距"按钮⯭≡▾，从下拉列表中选择相应的选项，如果不满意，还可以直接单击"段落"组右下角的"对话框开启"按钮⬛，弹出"段落"对话框，如图 3-16 所示。

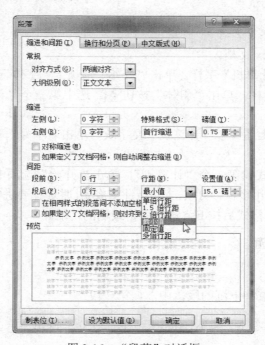

图 3-16　"段落"对话框

（3）单击"缩进和间距"选项卡。若要改变行距，则在"行距"下拉列表框中设置，也可在"设置值"数值框中输入行距的大小；若要改变段间距，可在"段前"和"段后"数值框中输入希望的值。

2. 设置对齐方式

操作方法及步骤如下：

（1）在文档的开头插入"四代突变，还是五段演化"。

（2）单击"开始"选项卡"段落"组中的"居中"按钮☰，使其放置在一行的中间作为文档的标题。

（3）将第二段设置为首行缩进。选中第二段，单击"段落"组右下角的"对话框开启"按钮⬛，弹出"段落"对话框，在"特殊格式"下拉列表框中选择"首行缩进"选项。

注意：在"段落"对话框中，参数值的单位有磅、行和厘米等，设置大小和单位时可直接输入。

（4）选中文档的第三自然段，单击"段落"组中的"分散对齐"按钮▤使第三段内容均匀分布。

任务 4　添加项目符号或编号

1. 添加项目符号

在文档中插入项目符号的操作步骤如下：

（1）将文档中的字符"一、二、三、四、五"删除并选中这 5 个自然段。

（2）单击"开始"选项卡"段落"组中的"项目符号"按钮 ，选中的 5 个自然段前面加上符号●。如果不满意，也可以单击"项目符号"按钮 右侧的下拉按钮，在弹出的下拉列表中选择一个喜欢的符号，如图 3-17（a）所示。

2. 添加项目编号

将 Word1.docx 文档中的段落符号改为项目编号"1.、2.、3.、4.和 5."，操作步骤如下：

（1）选中带有段落符号●的自然段。

（2）单击"开始"选项卡"段落"组"项目编号"按钮 右侧的下拉按钮，在弹出的下拉列表中选择一个合适的编号样式，如图 3-17（b）所示。

（a）项目符号下拉列表　　　　　　　　（b）项目编号下拉列表

图 3-17　添加项目符号和编号

任务 5　设置边框和底纹

1. 给文档中的"计算机经历了五个阶段的演化"文字加上边框

操作方法及步骤如下：

（1）单击该行中的任意位置，选中要加边框的文字。

（2）单击"开始"选项卡"字体"组中的"字符边框"按钮 ，即可为选中的文字添加边框。

若用户对边框的样式不满意，可单击"段落"组"边框"按钮 右侧的下拉按钮，在弹出的下拉列表中选择"边框和底纹"命令，弹出"边框和底纹"对话框，如图 3-18 所示，在其中进行设置。

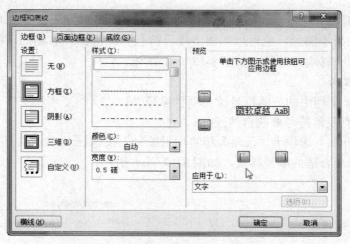

图 3-18　"边框和底纹"对话框

2. 为文档页面添加上下边框

操作方法及步骤如下：

（1）打开"边框和底纹"对话框。

（2）单击"页面边框"选项卡，如图 3-19 所示，单击"设置"区域中的"自定义"按钮，在"预览"区域中单击添加上下边框的相应按钮。

图 3-19　"页面边框"选项卡

（3）在"应用于"下拉列表框中选择"整篇文档"选项。

3. 用底纹填充第一段文字的背景

操作方法及步骤如下：

（1）单击第一段中的任意位置，选中该段落。

（2）打开"边框和底纹"对话框并单击"底纹"选项卡，如图 3-20 所示。

（3）在"填充"下拉列表框中选择黄色，在"图案"区域的"样式"下拉列表框中选择一种样式，如浅色网格；在"颜色"下拉列表框中选择一种颜色，如青绿色。

（4）在"应用于"下拉列表框中选择"文字"，单击"确定"按钮。

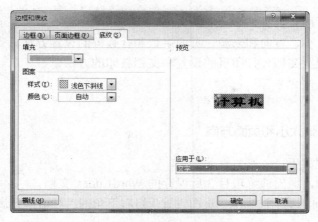

图 3-20　"底纹"选项卡

任务 6　设置分栏效果

将 Word1.doc 文档按不等两栏版式编排并在栏间添加竖线，操作方法及步骤如下：

（1）将插入点放在文档中的任意位置上。

（2）单击"页面布局"选项卡中的"分栏"按钮，在下拉列表中可以看到有一栏、二栏、三栏、偏左、偏右和"更多分栏"选项，这里选择"更多分栏"选项，弹出"分栏"对话框，如图 3-21 所示。

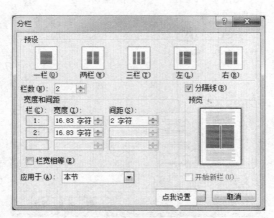

图 3-21　"分栏"对话框

（3）在"栏数"数值框中输入所需栏数 2，清除对"栏宽相等"复选框的勾选；在"宽度和间距"区域中的"宽度"和"间距"数值框中输入所需的尺寸，在"预览"框中即会出现所设置的分栏样式；选中"分隔线"复选框，单击"确定"按钮。

训练项目 4　页面格式设置及打印

【训练目标】

- 正确设置页边距，以便得到所要求的页面大小。

- 正确设置页眉和页脚，学会插入页码。
- 掌握纸张大小、方向和来源、页面字数和行数等的设置方法。
- 掌握打印预览文档、打印机的设置和文档打印的方法。

【训练内容】

任务 1　选择纸张大小和页面方向

操作方法及步骤如下：

（1）启动 Word，调出训练项目 3 所保存的 Word1.docx 文档。

（2）单击"页面布局"选项卡"页面设置"组右下角的"对话框开启"按钮，弹出"页面设置"对话框（也可以单击"页面设置"组中的相关按钮，如"纸张大小"按钮 等），如图 3-22 所示。

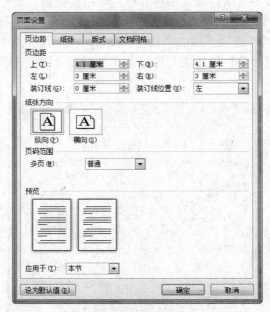

图 3-22　"页面设置"对话框

（3）在"页边距"选项卡的"纸张方向"区域中单击"纵向"按钮，在"应用于"下拉列表框中选择"整篇文档"选项；单击"纸张"选项卡，在"纸张大小"中选择"自定义"选项，在"宽度"和"高度"文本框中输入 22 厘米和 26 厘米。

（4）单击"确定"按钮。

任务 2　使用"页面设置"对话框设置页边距

操作方法及步骤如下：

（1）将插入点设置在要改变页边距的节中。

（2）打开"页面设置"对话框，单击"页边距"选项卡，在上、下、左、右文本框中分别输入 2 厘米、1.5 厘米、1.5 厘米、1 厘米，在"装订线"文本框中输入 0 厘米，在"装订线位置"下拉列表框中选择"左"选项，在"应用于"下拉列表框中选择要应用的页面范围，如"整篇文档"。

（3）单击"版式"选项卡，在"页眉"和"页脚"文本框中分别输入 1.0 厘米、1.0 厘米，单击"确定"按钮。

任务 3   创建页眉和页脚

操作方法及步骤如下：

（1）单击"插入"选项卡"页眉和页脚"组中的"页眉"或"页脚"按钮，在弹出的下拉列表中选择合适的项目，本例中"页眉"使用"空白"。

（2）在页眉区输入文字"开放式计算机考试系统"，居中。

（3）在"页眉和页脚工具/设计"选项卡中单击"导航"组中的"转至页脚"按钮，

使插入点移到页脚区，插入一个页码，样式为"加粗显示的数字 2"。

（4）修改编辑页码格式为"第 X 页，共 Y 页"，如图 3-23 所示。

网络硬件又可以分为计算机和通信设备等。但是，从以人为本的观点来看，人们访问网络的界面仍然主要是 PC。

页脚

第 1 页，共 1 页

图 3-23   设计好的"页脚"

（5）双击正文处，Word 回到正文编辑状态。

任务 4   预览并打印文档

操作方法及步骤如下：

（1）单击"文件"→"打印"命令或按 Alt+Ctrl+I 组合键，Word 进入到打印预览界面，如图 3-24 所示。

（2）单击页面导航条中的"上一页"按钮◀或"下一页"按钮▶可显示不同的页面，单击"显示比例"工具条中的"缩小"按钮⊖或"放大"按钮⊕可缩小或放大预览的页面，单击"缩放到页面"按钮▣预览的页面可以完整显示。

（3）在"打印"下的"份数"数值框中设置要打印的份数，在"打印机"下拉列表框中选择要使用的打印机，默认为 Windows 下的默认打印机；在"设置"区域中可以设置单面打印、双面打印、打印当前页、打印所有页（默认）、打印所选内容、打印方向、打印页面范围等。

（4）单击"打印"按钮，开始打印文档。

按 Esc 键或再次单击"文件"选项卡可关闭打印预览界面。

图 3-24　打印及打印预览界面

训练项目 5　图文混排

【训练目标】

- 掌握图片的插入方法。
- 了解如何创建和编辑图形对象。
- 掌握艺术字和文本框的设置和使用方法。

【训练内容】

任务 1　插入剪贴画或图片

操作方法及步骤如下：

（1）将插入点定位在要插入剪贴画或图片的位置，如 Word1.doc 文档的开头。

（2）单击"插入"选项卡"插图"组中的"图片"按钮，弹出如图 3-25 所示的"插入图片"对话框，在其中选择已存在的一幅图片，单击"插入"按钮将其插入到文档中；也可单击"剪贴画"按钮，Word 弹出"剪贴画"任务窗格，如图 3-26 所示。

（3）在"搜索文字"文本框中输入要查找的剪贴画名称，如"高尔夫"，单击"搜索"按钮，系统开始搜索并将搜索的结果显示在下方的列表框中。

图 3-25 "插入图片"对话框

图 3-26 "剪贴画"任务窗格

（4）找到要插入文档中的剪贴画并双击（或右击并选择弹出快捷菜单中的"插入"命令），将把此剪贴画插入到文档中，如图 3-27 所示。

图 3-27 插入的剪贴画

（5）选中剪贴画对象并双击，打开"图片工具/格式"选项卡，将图片高度和宽度分别设置为4.08厘米和3.78厘米，图片样式设置为"复杂框架，黑色"。

任务2　利用"自选图形"绘制

利用"自选图形"绘制如图3-28所示的流程图，操作方法及步骤如下：

（1）将插入点定位到要插入图形的位置，单击"插入"选项卡"插图"组中的"形状"按钮 ，弹出如图3-29所示的下拉列表。

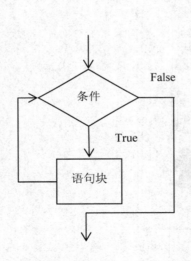

图3-28　绘制的流程图　　　　　图3-29　"形状"按钮与其下拉列表

（2）在"线条"栏中单击"箭头"按钮 ，这时在插入点处出现一个"画布"。将鼠标移至画布上，鼠标指针变为+形（按Esc键可以取消绘画状态），按住Shift键的同时拖动鼠标（绘制直线）将线条拖拽到合适的大小，松开左键，绘制一个如图3-30所示的带前头的向下线条。

注意：如果不使用"画布"，则需要单击"文件"→"选项"命令，在弹出的"Word选项"对话框中单击"高级"选项卡，取消选中"插入'自选图形'时自动创建绘图画布"选项。

（3）依次选择"流程图：决策" 、"箭头" 、"流程图：过程" 、"肘形箭头连接符" 画出所需的图形。

（4）在"流程图：决策" 和"流程图：过程" 图形中分别添加文字"条件"和"语句块"。

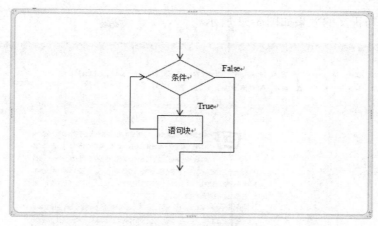

图 3-30 "画布"界面

（5）调整上述图形的布局，使得上箭头、条件框、中箭头和过程框居中对齐，其他形状调整到合适的位置。

（6）绘制两个矩形□，在其中添加文字 False 和 True，设置样式为无形状填充色和无形状轮廓色，并将其位置移动到合适的地方。

（7）按下 Shift 键的同时依次单击其他图形，将所有图形全部选择，然后右击并在弹出的快捷菜单中选择"组合"命令，组合成为一个整体。

（8）右击"画布"边框，在弹出的快捷菜单中选择"缩放绘图"命令，调整画布的大小与所组合的自选图形大小相一致。

任务 3　插入文本框

操作方法及步骤如下：

（1）打开文档 Word1.docx，将文档标题删除，然后取消"画布"的功能。

（2）单击"插入"选项卡"文本"组中的"文本框"按钮，在下拉列表中选择"绘制文本框"命令，鼠标指针变为十字形。

（3）按下鼠标左键并拖动绘制一个大小合适的文本框。

（4）在文本框中输入文字内容"演化与突变"，文本字体和大小分别设置为华文新魏、二号。调整文本框的大小，例如高度和宽度分别为 1.32 厘米和 1.27 厘米，使文本框刚好能容纳显示一个字。将文本框的版式设置为"紧密型"的环绕效果。

（5）将文本复制到正文中的其他位置 4 次，并删除复制后的文本框中的文本内容（即为空文本框）。将 5 个文本框全部选定，单击"绘图工具/格式"选项卡"排列"组中的"对齐"按钮，在下拉列表中选择"横向分布"和"纵向分布"命令，将 5 个文本左右上下间隔设置为"等距离排列"。

（6）选择第一个文本框，单击"绘图工具/格式"选项卡"文本"组中的"创建链接"按钮，鼠标指针变为咖啡桶。将鼠标移动到要链接的文本框，此时鼠标指针变为倾泻状，单击则第一个文本框中未显示出的内容倾泻到第二个文本框中。

同样地，将第 2 个文本框与第 3 个文本框相链接，第 3 个文本框与第 4 个文本框相链接，第 4 个文本框与第 5 个文本框相链接。

最后文本框与正文的效果如图 3-31 所示。

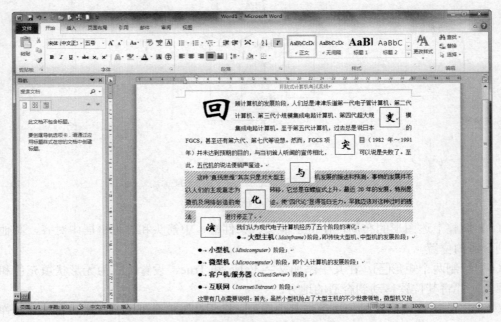

图 3-31 插入文本框后的效果

任务 4 插入艺术字

操作方法及步骤如下：

（1）单击"插入"选项卡"文本"组中的"艺术字"按钮，弹出艺术字样式列表，如图 3-32 所示。

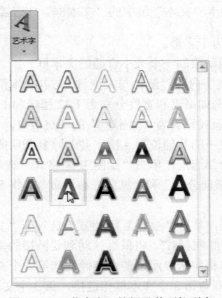

图 3-32 "艺术字"按钮及其下拉列表

（2）在列表中单击选择一种样式，文档中出现一个艺术字编辑框，如图 3-33 所示。输入要设置为艺术字的文字，如"大学计算机基础"。

请在此放置您的文字

图 3-33　艺术字编辑框

（3）单击要更改的艺术字，打开"绘图工具/格式"选项卡，用户可以利用该选项卡中的相关按钮修改其形状样式、艺术字样式等，如将艺术字设置如下：

- 文本效果：波形 2。
- 文本填充：浅蓝。
- 文本轮廓：红色、长划线一点、粗细 0.75 磅。
- 大小：高 2.1 厘米、宽 11.6 厘米。
- 位置：上下型。
- 字体：楷体、小初、加粗。

艺术字格式修改完后的效果如图 3-34 所示。

大学计算机基础

图 3-34　最终形成的"艺术字"效果

训练项目 6　Word 的表格操作

【训练目标】

- 掌握在 Word 2010 中创建表格的基本方法。
- 将文字（本）转换为表格，将表格转换为文本。
- 掌握表格及表格中各元素的编辑方法。
- 掌握表格的格式化设置方法。
- 对表格中的数据进行计算。

【训练内容】

任务 1　在 Word 文档中创建一个表格

新建一个 Word 文档，在文档中创建如图 3-35 所示的简单表格，将文件命名为"学生成绩表格.docx"保存在自己的文件夹中。

学生公共基础课程成绩表

	高等数学	大学英语	计算机基础
王志平	88	94	90
李明	85	88	93
张竞	76	80	85
李丽萍	69	75	70
曾天	95	88	93

图 3-35　学生成绩表格

将上述表格转换为文本，再将文字（本）转换为表格。

提示：第 1 步表格转换为文本，打开 Word 2010 文档窗口，选中需要转换为文本的单元格。如果需要将整张表格转换为文本，则只需单击表格中的任意单元格。单击"表格工具/布局"选项卡"数据"组中的"转换为文本"按钮。在弹出的"表格转换成文本"对话框中选中"段落标记"、"制表符"、"逗号"或"其他字符"单选按钮。选择任何一种标记符号都可以转换成文本，只是转换生成的排版方式或添加的标记符号有所不同。最常用的是"段落标记"和"制表符"两个选项。选中"转换嵌套表格"可以将嵌套表格中的内容同时转换为文本。设置完毕后单击"确定"按钮。

第 2 步文字（本）转换为表格，单击"插入"选项卡"表格"组中"表格"按钮右侧的下拉按钮，在下拉列表中选择"文本转换成表格"命令。在弹出对话框的"自动调整"区域中选中"固定列宽"、"根据内容调整表格"或"根据窗口调整表格"选项之一，以设置表格列宽。在"文字分隔位置"区中自动选中文本中使用的分隔符，如果不正确可以重新选择。完成设置后单击"确定"按钮。

任务 2　表格的编辑

将表格第一行的行高设置为固定值 1cm，其余行高、列宽选择默认。在表格最后插入一列并输入相应内容，按照图 3-36 所示合并和拆分单元格、绘制斜线表头。

学生公共基础课程成绩表

课程名 学生	会计班 1324 上学期成绩			平均分
	高等数学	大学英语	计算机基础	
王志平	88	94	90	
李明	85	88	93	
张竞	76	80	85	
李丽萍	69	75	70	
曾天	95	88	93	

图 3-36　表格修改编辑效果

任务 3 表格的格式化

将标题文字"学生公共基础课程成绩表"设置为黑体、加粗、三号、居中对齐；将表格中的文字对齐方式设置为"中部居中"，设置表头行底纹为"橄榄色"，并将表格的外框线设置为 1.5 磅的双线，内框线为 1 磅的细线，如图 3-37 所示。

学生公共基础课程成绩表

课程名 学生	会计班 1324 上学期成绩			平均分
	高等数学	大学英语	计算机基础	
王志平	88	94	90	
李明	85	88	93	
张竞	76	80	85	
李丽萍	69	75	70	
曾天	95	88	93	

图 3-37 表格修饰效果

任务 4 表格的计算

计算表格中各个同学的平均分，如图 3-38 所示，最后另存为"表格计算.docx"。

学生公共基础课程成绩表

课程名 学生	会计班 1324 上学期成绩			平均分
	高等数学	大学英语	计算机基础	
王志平	88	94	90	90.67
李明	85	88	93	88.67
张竞	76	80	85	80.33
李丽萍	69	75	70	71.33
曾天	95	88	93	92

图 3-38 计算效果

训练项目 7 制作目录与邮件合并

【训练目标】

- 了解大纲视图的工作方式。
- 学会使用大纲工具栏生成大纲。

- 学会如何使用 Word 中的邮件合并功能。

【训练内容】

任务 1　制作目录

正文内容如下：

第 2 章 Windows 7 操作系统

2.1　Windows 7 入门

2.1.1　认识 Windows 7 操作系统

2.1.2　设置 Windows 7 桌面

2.1.3　认识窗口与对话框

2.1.4　操作窗口与对话框

2.2　管理文件

2.2.1　使用"资源管理器

2.2.2　操作文件与文件夹

2.3　管理与应用 Windows 7

2.3.1　屏幕分辨率与显示个性化设置

2.3.2　任务栏栏和「开始菜单」

2.3.3　安装和使用打印机

2.3.4　中文输入法

2.3.5　使用 Windows 7 自带程序

习题 2

制作目录的操作方法及步骤如下：

（1）打开 Word，新建一个文档，并以文件名"目录制作.docx"保存。

（2）单击"开始"选项卡"样式"组中的"正文"按钮。

（3）切换到"草稿"视图，输入上述正文。将插入点定位于"第 2 章 Windows 7 操作系统"所在行的开始处，单击"页面布局"选项卡中的"分隔符"按钮 分隔符，插入一个"下一页"分节符。

再将插入点定位于"2.2 管理文件"、"2.3 管理与应用 Windows 7"和"习题 2"所在行的开始处，单击"分隔符"按钮 分隔符，分别插入一个"分页符"（也可直接按 Ctrl+Enter 组合键，或单击"插入"选项卡"页"组中的"分页"按钮），将其上下分成两页。

（4）选择"第 2 章 Windows 7 操作系统"，单击"开始"选项卡"样式"组中的"标题 1"按钮，并设置好字体和字号，如设置为楷体、二号，段前和段后距离分别设置为 17 磅和 16.5 磅。依次选择"2.1 Windows 7 入门"、"2.2 管理文件"、"2.3 管理与应用 Windows 7"和"习题 2"等内容，在"样式"组中单击"标题 2"按钮，并设置好字体和字号，如设置为黑体、小三号，段前和段后距离均设置为 6 磅。设置其他内容，在"样式"组中单击"标题 3"按钮，并设置好字体和字号，如设置为宋体、小四号，段前和段后距离均设置为 6 磅。

题目级别设置完成后，题目左侧有一个黑色小方块标志，如图 3-39 所示。

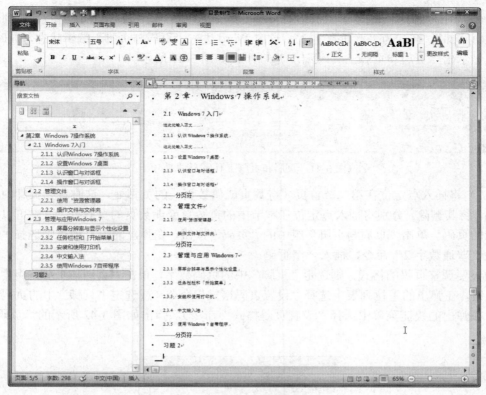

图 3-39　定义标题的级别

（5）将插入点定位于"第 2 章　Windows 7 操作系统"所在位置，单击"页面布局"选项卡"页面设置"组右下角的"对话框开启"按钮，弹出"页面设置"对话框，如图 3-40 所示。单击"版式"选项卡，在"页眉和页脚"区域中勾选"奇偶页不同"和"首页不同"复选框，在"应用于"下拉列表框中选择"本节"，单击"确定"按钮，文档中的"页眉和页脚"被分为三节，即首页为一节，奇数页为一节，偶数页为一节。

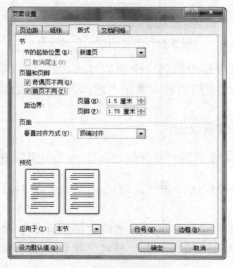

图 3-40　"页面设置"对话框

（6）单击"插入"选项卡"页眉与页脚"组中的"页码"按钮，在弹出的下拉列表中选择"页面底部"，样式为"普通数字2"。这时Word进入"页眉与页脚"编辑状态，同时Word功能区显示出"页眉和页脚工具/设计"选项卡，如图3-41所示。

图3-41　页眉和页脚工具/设计"选项卡

（7）将插入点定位在第二节首页（奇数页或偶数页）的页脚处，这时看到页脚中有插入的页码，将其删除。分别将插入点定位在本节中的奇数页或偶数页的页脚处，这时可以看到没有显示的页码。单击"页眉与页脚"组中的"页码"按钮，在弹出的下拉列表中选择"页面底部"→"普通数字2"命令，插入一个页码。

如果要调整页码的格式，则选定"页脚"中的页码数字，单击"页眉与页脚"组中的"页码"按钮，在弹出的下拉列表中选择"设置页码格式"命令（或选定"页脚"中的页码数字并右击，在弹出的快捷菜单中选择"设置页码格式"命令），弹出如图3-42所示的"页码格式"对话框。

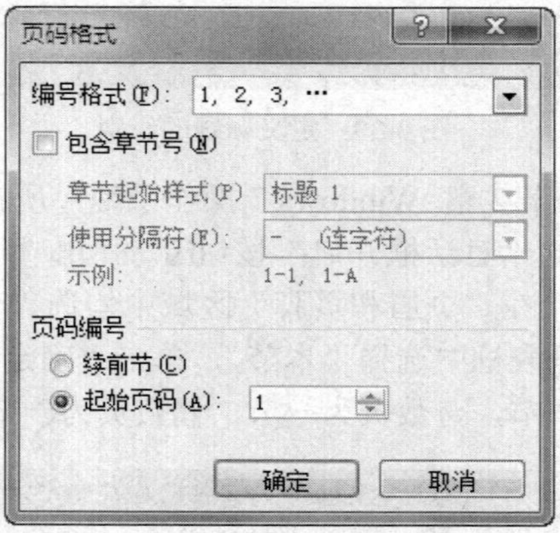

图3-42　"页码格式"对话框

在"编号格式"下拉列表框中选择一个页码样式，在"页码编号"区域中单击"起始页码"单选按钮，并在后面的文本框中输入数字"1"，表示本节的页码编号从1开始，单击"确定"按钮。

按Esc键，返回到正文编辑状态。

（8）生成目录。将光标置于第一节开始处，单击"引用"选项卡中的"目录"按钮，在弹出的下拉列表中选择一种样式，如"自动目录2"，如图3-43所示，目录在指定位置已经生成，如图3-44所示。

注意： 如果选择"目录"按钮下拉列表中的"插入目录"命令，则会弹出"目录"对话框，如图3-45所示。设置相关选项，单击"确定"按钮，目录生成。

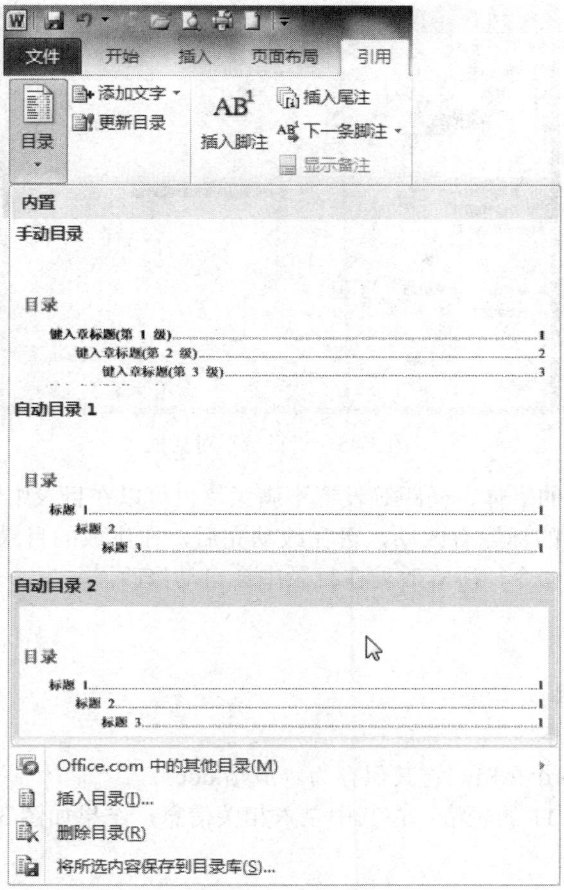

图 3-43 "目录"按钮及其下拉列表

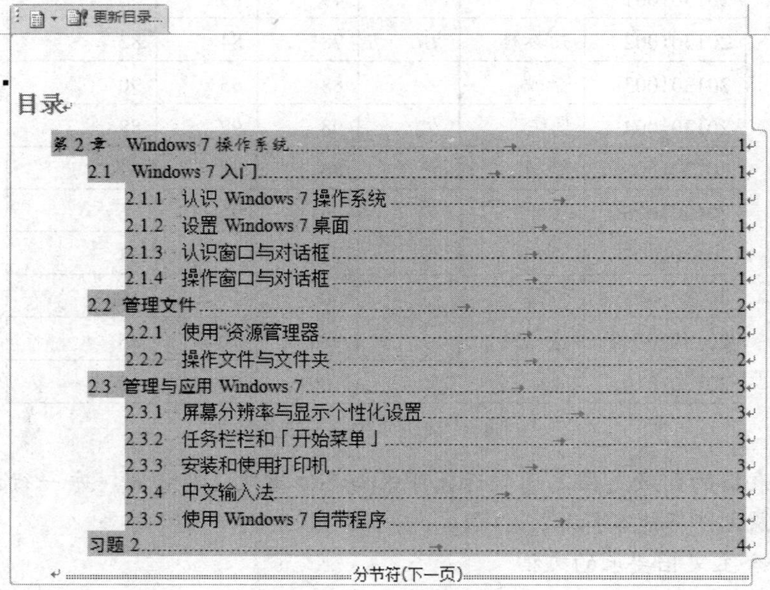

分节符(下一页)

图 3-44 生成的目录

图 3-45　"目录"对话框

如果对已生成目录的字体、间距等设置不满意，也可以在目录中直接调整。

如果文章中某一处的标题有改动，可在改动完后，在生成的目录上右击，在弹出的快捷菜单中选择"更新域"命令，所修改处在目录中会自动修改。

任务2　邮件合并

1. 制作数据源文件

操作方法及步骤如下：

（1）新建一个 Word 文档，将其保存为"成绩.doc"。

（2）插入一个 6×11 的表格，在其中录入相关信息，结果如图 3-46 所示。

学号	姓名	性别	高数	外语	计算机
201301001	罗亮	男	49	89	50
201301002	卢泰林	男	78	84	82
201301003	李兢	男	88	65	90
201301004	陈璐	女	98	92	88
201301005	叶科	男	86	78	65
201301006	王蓓	女	96	95	76
201301007	刘恒	女	78	69	64
201301008	周源	男	60	57	100
201301009	谢百纳	男	98	70	85
201301010	王昕然	女	100	80	100

图 3-46　某班学生部分成绩数据

注意：该表格的列数是固定的，行数可根据具体情况进行增减，每一行记录对应一个被邀请人。数据源文件不能有标题。

2. 制作符合主文档要求的文档

操作方法及步骤如下：

（1）启动 Word 2010，新建另一空白文档，然后将图 3-47 所示的主控文档设计好。

成绩单

同学：

你本学期期末考试成绩如下：

学号	高等数学	大学英语	计算机应用

学校于 2013 年 8 月 30 日开学，9 月 2 日正式上课，请按时返校。

广西电力职业技术学院

2013 年 7 月 15 日

图 3-47　主控文档

（2）标题"成绩单"设置为华文新魏、二号、居中对齐，正文设置为宋体、小三号，表格内水平垂直居中。

（3）纸张大小：双面明信版（宽度 20 厘米，高度 14.8 厘米）；页边距：上、下、左、右各为 2.4 厘米、2.4 厘米、2.1 厘米和 2.1 厘米。

（4）将该文档保存为"成绩表主控文档.docx"。

3. 利用邮件合并功能制作请柬

操作方法及步骤如下：

（1）单击"邮件"选项卡中的"选择收件人"按钮 ，在弹出的下拉列表中选择"使用现有列表"命令，弹出"选取数据源"对话框，如图 3-48 所示。

图 3-48　"选取数据源"对话框

（2）在"文件名"文本框右侧的下拉列表框中选择类型为"所有数据源"，然后找到所需的数据文件"成绩"，单击"打开"按钮，数据源文件被加载到计算机内存中，同时"邮件"选项卡中的有关邮件合并按钮变为可以使用。

（3）将光标移动到所需位置，单击"邮件"选项卡"编写和插入域"组中的"插入合并域"按钮 ，弹出如图 3-49 所示的下拉列表。

（4）选择要插入的域名称，文档中将出现"《》"括住的合并域，如«高数»。依次将所需要的域插入到所有所需位置。

（5）单击"完成"组中的"完成并合并"按钮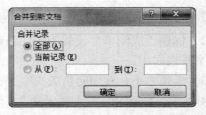，在其下拉列表中选择"编辑单个文档"命令，弹出"合并到新文档"对话框，如图 3-50 所示。在"合并记录"区域中选择一个单选项，单击"确定"按钮，Word 将合并结果到一个新文档中。新文档是一个独立的文件，可单独保存。

图 3-49　"插入合并域"按钮及其下拉列表　　　　图 3-50　"合并到新文档"对话框

模块四　电子表格软件 Excel 2010

训练项目 1　教师人事档案管理表的录入与编辑

【训练目标】

- 掌握 Excel 2010 工作簿建立、保存与打开的方法。
- 掌握工作表中各种不同类型数据的输入方法。
- 掌握单元格格式设置的方法。
- 掌握表格边框和底纹设置的方法。
- 掌握特殊符号输入的方法。

【训练内容】

制作“教师人事档案管理表”，最终显示效果如图 4-1 所示。

	A	B	C	D	E	F	G	H	I	J	K
1	2014年新聘教师人事档案管理表										
2	序号	工作编号	姓名	性别	身份证号	出生日期	学历	职称	所在系部	基本工资	是否编制内
3	1	001023	李晓红	女	450103198006259654	1980/6/25	本科	讲师	土木系	¥2,548.00	×
4	2	002045	孙伟	男	252634197006200365	1970/6/20	大专	教授	外语系	¥4,569.00	√
5	3	001024	张敏捷	男	654087197511289354	1975/11/28	本科	副教授	土木系	¥3,895.00	√
6	4	003038	王艳秋	女	876415198612258975	1986/12/25	研究生	助教	建筑系	¥2,103.00	×
7	5	004022	徐建国	男	687465198210135896	1982/10/13	研究生	讲师	设计系	¥2,698.00	√
8	6	001023	孙辉	男	132464198901309578	1989/1/30	本科	助教	设计系	¥2,036.00	×
9	7	005012	庞莎莎	女	577546196505259651	1965/5/25	本科	教授	法律系	¥5,412.00	√
10	8	002046	田馥珍	女	246546196806226575	1968/6/22	大专	副教授	外语系	¥4,892.00	√
11	9	003039	黄志强	男	256946198103161796	1981/3/16	研究生	讲师	建筑系	¥2,594.00	×
12	10	006018	班慧娴	女	684764197404593687	1974/4/29	本科	副教授	中文系	¥4,052.00	√
13	11	006019	赵佳妮	女	697455198302286541	1983/2/28	本科	讲师	中文系	¥3,651.00	×
14											
15											
16											

图 4-1　“2014 年新聘教师人事档案管理表”样本

【训练步骤】

（1）启动 Excel 2010，新建工作簿 Book1。在工作表 Sheet1 的 A1:K1 单元格区域中输入“2014 年新聘教师人事档案管理表”，并合并单元格，居中加粗文字。在 A2:K2 单元格区域中分别输入文本“序号”、“工作编号”、“姓名”、“性别”、“身份证号”、“出生日期”、“学历”、“职称”、“所在系部”、“基本工资”、“是否编制内”，如图 4-2 所示。

	A	B	C	D	E	F	G	H	I	J	K
1	2014年新聘教师人事档案管理表										
2	序号	工作编号	姓名	性别	身份证号	出生日期	学历	职称	所在系部	基本工资	是否编制内

图 4-2　输入字段名

（2）单元格显示格式设置。选中 A2:K2 单元格区域，在“格式”功能区中单击“加粗”

按钮 **B**，将字体设置为"加粗"显示；单击"居中显示"按钮 **≡**，将文字设置为居中显示；单击"底纹填充"按钮 **🎨▾**，将单元格底纹设置为黄色，显示结果如图 4-3 所示。

	A	B	C	D	E	F	G	H	I	J	K
1					2014年新聘教师人事档案管理表						
2	序号	工作编号	姓名	性别	身份证号	出生日期	学历	职称	所在系部	基本工资	是否编制内

图 4-3　单元格格式设置

（3）自动填充单元格。选中单元格 A3，输入数字"1"，选中单元格 A4，输入数字"2"，同时选中 A3 和 A4 两个单元格，将光标移动到单元格的右下角，待光标变为实心十字光标后按下鼠标左键向下拖动到 A13 单元格，释放左键，完成对"序号"字段的输入，输入后的结果如图 4-4 所示。

	A	B	C	D	E	F	G	H	I	J	K
1					2014年新聘教师人事档案管理表						
2	序号	工作编号	姓名	性别	身份证号	出生日期	学历	职称	所在系部	基本工资	是否编制内
3	1										
4	2										
5	3										
6	4										
7	5										
8	6										
9	7										
10	8										
11	9										
12	10										
13	11										

图 4-4　自动填充单元格

（4）单元格输入类型格式设置。选中 B3:B13 单元格区域，在"格式"功能区中单击"单元格"按钮，在弹出的"单元格格式"对话框中选择"数字"选项卡，在"分类"列表框中选择"文本"选项，单击"确定"按钮完成对单元格输入类型的设置，如图 4-5 所示。

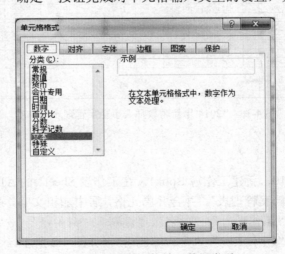

图 4-5　设置单元格输入数据类型

（5）输入"工作编号"字段，如图 4-6 所示。

（6）参考步骤（4），分别将单元格区域 E3:E13 的单元格输入类型改为"文本"，单元格区域 F3:F13 的单元格输入类型改为"日期"，单元格区域 J3:J13 的单元格输入类型改为"货币"，输入如图 4-7 所示的内容。

图 4-6　输入"工作编号"字段

图 4-7　不同类型数据的输入

（7）插入特殊符号。选中单元格 K3，单击"插入"选项卡中的"特殊符号"按钮，在弹出的"插入特殊符号"对话框的"数学符号"选项卡的列表框中选择"×"（或"√"）选项，完成对 K3 单元格的输入。重复上述操作，完成单元格区域 K3:K13 的内容输入，输入结果如图 4-8 所示。

图 4-8　插入特殊符号

（8）对照图 4-9 完成其余字段单元格内容的输入。

图 4-9　2014 年新聘教师人事档案管理表

训练项目2　班级成绩表

【训练目标】

- 掌握 Excel 计算公式编写的方法。
- 掌握常用函数（求最大值、最小值、平均值、求和）的应用。

【训练内容】

制作"期末考试成绩表"，使用公式和函数计算电工基础课程综合成绩（综合成绩=平时成绩*20%+测验成绩*50%+考试成绩*30%），班级成绩表的总分、平均分及各科最高分。

【训练步骤】

（1）启动 Excel 2010，新建工作簿 Book1，在工作表 Sheet1 中输入图 4-10 所示的内容，在工作表 Sheet2 中输入图 4-11 所示的内容。

	A	B	C	D	E	F
1			电工基础成绩			
2	学号	姓名	平时成绩	测验成绩	考试成绩	综合成绩
3	2013001	方晔修	80	85	78	
4	2013002	蓝雨凡	95	90	85	
5	2013003	罗吉	82	87	80	
6	2013004	苏牧程	93	92	90	
7	2013005	唐雯	88	83	85	
8	2013006	兰天	76	79	72	
9	2013007	李颖	78	82	80	
10	2013008	张珂涵	84	91	83	

图 4-10　电工基础成绩表初始数据

	A	B	C	D	E	F	G	H
1			班级成绩表					
2	学号	姓名	英语	计算机基础	供配电技术	电工基础	总分	平均分
3	2013001	方晔修	80	85	72			
4	2013002	蓝雨凡	95	90	78			
5	2013003	罗吉	82	87	65			
6	2013004	苏牧程	93	92	75			
7	2013005	唐雯	88	83	69			
8	2013006	兰天	76	79	70			
9	2013007	李颖	78	82	85			
10	2013008	张珂涵	84	91	83			
11	课程最高分							
12	课程最低分							

图 4-11　班级成绩表初始数据

（2）计算电工基础综合成绩。选中工作表 Sheet1 中的单元格 F3，输入等号"="后用鼠标左键点选单元格 C3，键入"*20%+"后点选单元格 D3，键入"*50%+"后点选单元格 E3，键入"*30%"后按回车键完成公式"综合成绩=平时成绩*20%+测验成绩*50%+考试成绩*30%"的输入和运算操作，结果如图 4-12 所示。

（3）自动填充单元格。选择单元格 F2，将光标移动到单元格右下角，待光标变成实心十字光标后单击鼠标左键并向下拖动填充句柄到单元格 F10，释放左键，完成其他记录的计算，计算结果如图 4-13 所示。

F3		fx	=C3*20%+D3*50%+E3*30%		
	A	B	C	D	E	F
1			电工基础成绩			
2	学号	姓名	平时成绩	测验成绩	考试成绩	综合成绩
3	2013001	方晔修	80	85	78	81.9
4	2013002	蓝雨凡	95	90	85	
5	2013003	罗吉	82	87	80	
6	2013004	苏牧程	93	92	90	
7	2013005	唐雯	88	83	85	
8	2013006	兰天	76	79	72	
9	2013007	李颖	78	82	80	
10	2013008	张珂涵	84	91	83	

图 4-12　电工基础综合成绩

F3		fx	=C3*20%+D3*50%+E3*30%		
	A	B	C	D	E	F
1			电工基础成绩			
2	学号	姓名	平时成绩	测验成绩	考试成绩	综合成绩
3	2013001	方晔修	80	85	78	81.9
4	2013002	蓝雨凡	95	90	85	89.5
5	2013003	罗吉	82	87	80	83.9
6	2013004	苏牧程	93	92	90	91.6
7	2013005	唐雯	88	83	85	84.6
8	2013006	兰天	76	79	72	76.3
9	2013007	李颖	78	82	80	80.6
10	2013008	张珂涵	84	91	83	87.2
11						
12						

图 4-13　自动填充单元格

（4）将工作表 Sheet1 中 F3:F10 的计算结果复制，切换到工作表 Sheet2，选中单元格 F3 后右击，在弹出的快捷菜单中选择"粘贴选项"下的 123（如图 4-14 所示），将计算结果粘贴到班级成绩表中，粘贴结果如图 4-15 所示。

图 4-14　快捷菜单

（5）计算总分。选择单元格 G3，单击"开始"选项卡"编辑"组中的"自动求和"按钮 Σ 自动求和 · 右侧的下拉按钮，在弹出的下拉列表中选择"求和"选项，Excel 将在单元格 G3 上自动填充求和计算公式，按回车键完成"求和"运算，如图 4-16 至图 4-18 所示。

	A	B	C	D	E	F	G	H
1	班级成绩表							
2	学号	姓名	英语	计算机基础	供配电技术	电工基础	总分	平均分
3	2013001	方晔修	80	85	72	81.9		
4	2013002	蓝雨凡	95	90	78	89.5		
5	2013003	罗吉	82	87	65	83.9		
6	2013004	苏牧程	93	92	75	91.6		
7	2013005	唐雯	88	83	69	84.6		
8	2013006	兰天	76	79	70	76.3		
9	2013007	李颖	78	82	85	80.6		
10	2013008	张珂涵	84	91	83	87.2		
11	课程最高分							
12	课程最低分							

图 4-15　粘贴结果

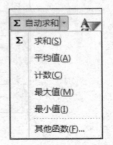

图 4-16　选择"求和"函数

SUM ▼ × ✓ fx =SUM(C3:F3)

	A	B	C	D	E	F	G	H	I
1	班级成绩表								
2	学号	姓名	英语	计算机基础	供配电技术	电工基础	总分	平均分	
3	2013001	方晔修	80	85	72	81.9	=SUM(C3:F3)		
4	2013002	蓝雨凡	95	90	78	89.5	SUM(number1, [number2], ...)		
5	2013003	罗吉	82	87	65	83.9			
6	2013004	苏牧程	93	92	75	91.6			
7	2013005	唐雯	88	83	69	84.6			
8	2013006	兰天	76	79	70	76.3			
9	2013007	李颖	78	82	85	80.6			
10	2013008	张珂涵	84	91	83	87.2			
11	课程最高分								
12	课程最低分								

图 4-17　求和函数参数设置

G3 ▼ fx =SUM(C3:F3)

	A	B	C	D	E	F	G	H
1	班级成绩表							
2	学号	姓名	英语	计算机基础	供配电技术	电工基础	总分	平均分
3	2013001	方晔修	80	85	72	81.9	318.9	
4	2013002	蓝雨凡	95	90	78	89.5		
5	2013003	罗吉	82	87	65	83.9		
6	2013004	苏牧程	93	92	75	91.6		
7	2013005	唐雯	88	83	69	84.6		
8	2013006	兰天	76	79	70	76.3		
9	2013007	李颖	78	82	85	80.6		
10	2013008	张珂涵	84	91	83	87.2		
11	课程最高分							
12	课程最低分							

图 4-18　求和结果

（6）自动填充单元格。选择单元格 G3，将光标移动到单元格右下角，待光标变成实心十字光标后点击鼠标左键并向下拖动填充句柄到单元格 G10，释放左键，完成其他记录的求和。

（7）计算平均分。选择单元格 H3，单击"开始"选项卡"编辑"组中的"自动求和"按钮 Σ 自动求和 · 右侧的下拉按钮，在弹出的下拉列表中选择"平均值"选项，Excel 将在单元格 H3

上自动填充求平均值计算公式,将计算单元格区域由 C3:G3 更改为 C3:F3,按回车键,完成"求平均值"运算,如图 4-19 和图 4-20 所示。

	A	B	C	D	E	F	G	H	I	J
1	班级成绩表									
2	学号	姓名	英语	计算机基础	供配电技术	电工基础	总分	平均分		
3	2013001	方晔修	80	85	72	81.9	318.9	=AVERAGE(C3:F3)		
4	2013002	蓝雨凡	95	90	78	89.5		AVERAGE(**number1**, [number2], ...)		
5	2013003	罗吉	82	87	65	83.9				
6	2013004	苏牧程	93	92	75	91.6				
7	2013005	唐雯	88	83	69	84.6				
8	2013006	兰天	76	79	70	76.3				
9	2013007	李颖	78	82	85	80.6				
10	2013008	张珂涵	84	91	83	87.2				
11	课程最高分									
12	课程最低分									

图 4-19　更改求和单元格区域

| | | | | | | | | H3　fx =AVERAGE(C3:F3) | |

	A	B	C	D	E	F	G	H
1	班级成绩表							
2	学号	姓名	英语	计算机基础	供配电技术	电工基础	总分	平均分
3	2013001	方晔修	80	85	72	81.9	318.9	79.725
4	2013002	蓝雨凡	95	90	78	89.5		
5	2013003	罗吉	82	87	65	83.9		
6	2013004	苏牧程	93	92	75	91.6		
7	2013005	唐雯	88	83	69	84.6		
8	2013006	兰天	76	79	70	76.3		
9	2013007	李颖	78	82	85	80.6		
10	2013008	张珂涵	84	91	83	87.2		
11	课程最高分							
12	课程最低分							

图 4-20　平均分计算结果

（8）参考步骤（6）完成其他记录的求平均值计算,结果如图 4-21 所示。

	A	B	C	D	E	F	G	H
1	班级成绩表							
2	学号	姓名	英语	计算机基础	供配电技术	电工基础	总分	平均分
3	2013001	方晔修	80	85	72	81.9	318.9	79.725
4	2013002	蓝雨凡	95	90	78	89.5	352.5	88.125
5	2013003	罗吉	82	87	65	83.9	317.9	79.475
6	2013004	苏牧程	93	92	75	91.6	351.6	87.9
7	2013005	唐雯	88	83	69	84.6	324.6	81.15
8	2013006	兰天	76	79	70	76.3	301.3	75.325
9	2013007	李颖	78	82	85	80.6	325.6	81.4
10	2013008	张珂涵	84	91	83	87.2	345.2	86.3
11	课程最高分							
12	课程最低分							

图 4-21　自动填充单元格计算平均分

（9）参考步骤（5）和（7）分别计算出"课程最高分"和"课程最低分",并对单元格格式进行调整,结果如图 4-22 所示。

	A	B	C	D	E	F	G	H
1	班级成绩表							
2	学号	姓名	英语	计算机基础	供配电技术	电工基础	总分	平均分
3	2013001	方晔修	80.00	85.00	72.00	81.90	318.90	79.73
4	2013002	蓝雨凡	95.00	90.00	78.00	89.50	352.50	88.13
5	2013003	罗吉	82.00	87.00	65.00	83.90	317.90	79.48
6	2013004	苏牧程	93.00	92.00	75.00	91.60	351.60	87.90
7	2013005	唐雯	88.00	83.00	69.00	84.60	324.60	81.15
8	2013006	兰天	76.00	79.00	70.00	76.30	301.30	75.33
9	2013007	李颖	78.00	82.00	85.00	80.60	325.60	81.40
10	2013008	张珂涵	84.00	91.00	83.00	87.20	345.20	86.30
11	课程最高分		95.00	92.00	85.00	91.60	352.50	88.13
12	课程最低分		76.00	79.00	65.00	76.30	301.30	75.33

图 4-22　"班级成绩表"最终显示结果图

训练项目 3　电脑配件销售表

【训练目标】

掌握数据排序的方法。

【训练内容】

制作"电脑配件销售表"，其中销售额=零售价×销售数量，销售利润=(零售价-出厂价)×销售数量，并将数据按"销售利润"从高到低进行排列，若"销售利润"相同则按"销售额"从高到低排列。

【训练步骤】

（1）启动 Excel 2010，新建工作簿 Book1，在工作表 Sheet1 中输入图 4-23 所示的内容。

	A	B	C	D	E	F	G
1	产品编号	产品名称	出厂价	零售价	销售数量	销售额	销售利润
2	S22305	内存条	210	240	60		
3	S23530	硬盘	530	580	50		
4	S20525	内存条	120	150	35		
5	S02045	主板	780	900	44		
6	S20635	硬盘	550	590	45		
7	S20665	内存条	230	270	55		

图 4-23　电脑配件销售表初始数据

（2）计算"销售额"。选中单元格 F2，键入等号"="后左键点选单元格 D2，键入乘号"*"后点选单元格 E2，按回车键完成公式"销售额=零售价×销售数量"的输入和运算操作，结果如图 4-24 所示。

（3）自动填充单元格。选择单元格 F2，将光标移动到单元格右下角，待光标变成实心十字光标后点击鼠标左键并向下拖动填充句柄到单元格 F7，释放左键，完成其他记录的求"销售额"计算，计算结果如图 4-25 所示。

产品编号	产品名称	出厂价	零售价	销售数量	销售额	销售利润
S22305	内存条	210	240	60	=D2*E2	
S23530	硬盘	530	580	50		
S20525	内存条	120	150	35		
S02045	主板	780	900	44		
S20635	硬盘	550	590	45		
S20665	内存条	230	270	55		

图 4-24　编写"销售额"计算公式

	A	B	C	D	E	F	G
1	产品编号	产品名称	出厂价	零售价	销售数量	销售额	销售利润
2	S22305	内存条	210	240	60	14400	
3	S23530	硬盘	530	580	50	29000	
4	S20525	内存条	120	150	35	5250	
5	S02045	主板	780	900	44	39600	
6	S20635	硬盘	550	590	45	26550	
7	S20665	内存条	230	270	55	14850	
8							

图 4-25　自动填充单元格计算"销售额"

（4）计算"销售利润"。参考步骤（2），选中单元格 G2，键入"=(D2-C2)*E2"后按回车键，完成公式"销售利润=(零售价-出厂价)×销售数量"的输入和运算操作，结果如图 4-26 所示。

产品编号	产品名称	出厂价	零售价	销售数量	销售额	销售利润
S22305	内存条	210	240	60	14400	=（D2-C2）*E2
S23530	硬盘	530	580	50	29000	
S20525	内存条	120	150	35	5250	
S02045	主板	780	900	44	39600	
S20635	硬盘	550	590	45	26550	
S20665	内存条	230	270	55	14850	

图 4-26　编写"销售利润"计算公式

（5）自动填充单元格。选择单元格 G2，将光标移动到单元格右下角，待光标变成实心十字光标后点击鼠标左键并向下拖动填充句柄到单元格 G7，释放左键，完成其他记录的求"销售利润"计算，计算结果如图 4-27 所示。

G2		fx	=(D2-C2)*E2				
	A	B	C	D	E	F	G
1	产品编号	产品名称	出厂价	零售价	销售数量	销售额	销售利润
2	S22305	内存条	210	240	60	14400	1800
3	S23530	硬盘	530	580	50	29000	2500
4	S20525	内存条	120	150	35	5250	1050
5	S02045	主板	780	900	44	39600	5280
6	S20635	硬盘	550	590	45	26550	1800
7	S20665	内存条	230	270	55	14850	2200
8							

图 4-27　自动填充单元格计算"销售利润"

（6）排序。选中数据列表的任意单元格（如 F2），单击"开始"选项卡"编辑"组中的"排序和筛选"按钮，在下拉列表中选择"自定义排序"命令，在弹出的"排序"对话框中进行如图 4-28 所示的设置，结果如图 4-29 所示。

图 4-28　"排序"对话框的设置

	A	B	C	D	E	F	G
1	产品编号	产品名称	出厂价	零售价	销售数量	销售额	销售利润
2	S02045	主板	780	900	44	39600	5280
3	S23530	硬盘	530	580	50	29000	2500
4	S20665	内存条	230	270	55	14850	2200
5	S20635	硬盘	550	590	45	26550	1800
6	S22305	内存条	210	240	60	14400	1800
7	S20525	内存条	120	150	35	5250	1050

图 4-29　"电脑配件销售表"完成效果

训练项目 4　仪器管理表的筛选分析

【训练目标】

- 掌握自动筛选的方法。
- 掌握高级筛选的方法。

【训练内容】

制作"仪器管理表"，分别使用自动筛选和高级筛选功能筛选出进货日期在 2014 年 2 月 15 日以后，库存大于 50 的真空计，最终效果如图 4-30 和图 4-31 所示。

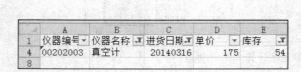

图 4-30　自动筛选结果

图 4-31　高级筛选结果

【训练步骤】

（1）启动 Excel 2010，新建工作簿 Book1，在工作表 Sheet1 中输入图 4-32 所示的内容。

	A	B	C	D	E
1	仪器编号	仪器名称	进货日期	单价	库存
2	00301012	真空计	20140208	175	6
3	00301008	电压表	20140205	185	16
4	00202003	真空计	20140316	175	54
5	00102008	电流表	20140218	195	61
6	00102004	电压表	20140203	185	46
7	00102002	电流表	20140225	195	39

图 4-32　"仪器管理表"初始数据

（2）自动筛选。选取"仪器管理表"数据列表中的任意一个单元格，单击"数据"选项卡"排序和筛选"组中的"筛选"按钮，数据列表的列标题变成下拉列表框，如图 4-33 所示。

图 4-33　单击"筛选"按钮后

（3）单击下拉按钮，在弹出的下拉列表中选择需要筛选的项目类型，即可筛选出符合条件的记录。比如，筛选出"进货日期"在"2014 年 2 月 15 日以后"的记录，则单击"进货日期"列的下拉按钮，在弹出的下拉列表中选择"数字筛选"→"大于"命令，如图 4-34 所示，在弹出的"自定义自动筛选方式"对话框中进行如图 4-35 所示的设置，单击"确定"按钮。

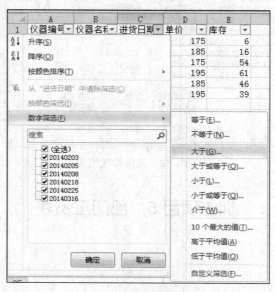

图 4-34　选择筛选条件

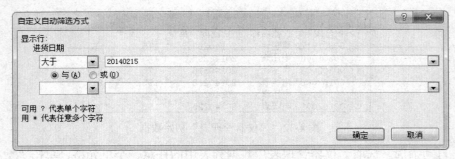

图 4-35　"自定义自动筛选方式"对话框

（4）高级筛选。在数据表格下方输入筛选条件，如图 4-36 所示。

（5）选取"仪器管理表"数据列表中的任意一个单元格，单击"数据"选项卡"排序和筛选"组中的"高级"按钮，弹出"高级筛选"对话框，分别选取"列表区域"和"条件区域"的单元格区域 A1:E7 和 B9:D20，将"方式"更改为"将筛选结果复制到其他位置"，"复制到"选择为单元格 A12，如图 4-37 所示。

	A	B	C	D	E
1	仪器编号	仪器名称	进货日期	单价	库存
2	00301012	真空计	20140208	175	6
3	00301008	电压表	20140205	185	16
4	00202003	真空计	20140316	175	54
5	00102008	电流表	20140218	195	61
6	00102004	电压表	20140203	185	46
7	00102002	电流表	20140225	195	39
8					
9		进货日期	库存	仪器名称	
10		>20140215	>50	真空计	

图 4-36　输入高级筛选条件

图 4-37　高级筛选参数设置

（6）单击"确定"按钮完成高级筛选设置，最终效果如图 4-38 所示。

	A	B	C	D	E
1	仪器编号	仪器名称	进货日期	单价	库存
2	00301012	真空计	20140208	175	6
3	00301008	电压表	20140205	185	16
4	00202003	真空计	20140316	175	54
5	00102008	电流表	20140218	195	61
6	00102004	电压表	20140203	185	46
7	00102002	电流表	20140225	195	39
8					
9		进货日期	库存	仪器名称	
10		>20140215	>50	真空计	
11					
12	仪器编号	仪器名称	进货日期	单价	库存
13	00202003	真空计	20140316	175	54

图 4-38　高级筛选结果

训练项目 5　部门工资表

【训练目标】

掌握分类汇总的方法。

【训练内容】

制作"部门工资表",按"部门"分类汇总"奖金"的总和。

【训练步骤】

(1)启动 Excel 2010,新建工作簿 Book1,在工作表 Sheet1 中输入图 4-39 所示的内容。

	A	B	C	D	E	F
1	姓名	部门	职务	基本工资	薪级工资	奖金
2	张一凡	市场部	业务员	1680	525	503
3	夏末	市场部	业务员	2120	525	1753
4	韦一	物流部	部长	2430	980	1644
5	司马意	行政部	科员	2700	400	627
6	千小美	物流部	项目主管	2890	800	836
7	莫明	市场部	业务员	2050	525	652
8	罗列	物流部	项目监察	2120	730	782
9	李想	物流部	外勤	1630	613	2020
10	柯娜	行政部	科员	3330	410	945
11	黄英俊	行政部	内勤	1740	603	1812

图 4-39 "部门工资表"初始数据

(2)选中"部门"列的任一单元格,单击"开始"选项卡"编辑"组中的"排序和筛选"按钮,在下拉列表中选择"升序"命令,对"部门"字段进行分类排序,结果如图 4-40 所示。

	A	B	C	D	E	F
1	姓名	部门	职务	基本工资	薪级工资	奖金
2	司马意	行政部	科员	2700	400	627
3	柯娜	行政部	科员	3330	410	945
4	黄英俊	行政部	内勤	1740	603	1812
5	张一凡	市场部	业务员	1680	525	503
6	夏末	市场部	业务员	2120	525	1753
7	莫明	市场部	业务员	2050	525	652
8	韦一	物流部	部长	2430	980	1644
9	李想	物流部	外勤	1630	613	2020
10	罗列	物流部	项目监察	2120	730	782
11	千小美	物流部	项目主管	2890	800	836

图 4-40 升序排列结果

(3)分类汇总。单击"数据"选项卡"分级显示"组中的"分类汇总"按钮,如图 4-41 所示。

图 4-41 单击"分类汇总"按钮

(4)弹出"分类汇总"对话框,在"分类字段"下拉列表框中选择"部门",在"汇总方式"下拉列表框中选择"求和",在"选定汇总项"列表框中选择"奖金"复选项,单击"确定"按钮，如图 4-42 和图 4-43 所示。

图 4-42　分类汇总参数设置

1 2 3		A	B	C	D	E	F
	1	姓名	部门	职务	基本工资	薪级工资	奖金
	2	司马意	行政部	科员	2700	400	627
	3	柯娜	行政部	科员	3330	410	945
	4	黄英俊	行政部	内勤	1740	603	1812
	5		行政部	汇总			3384
	6	张一凡	市场部	业务员	1680	525	503
	7	夏末	市场部	业务员	2120	525	1753
	8	莫明	市场部	业务员	2050	525	652
	9		市场部	汇总			2908
	10	韦一	物流部	部长	2430	980	1644
	11	李想	物流部	外勤	1630	613	2020
	12	罗列	物流部	项目监察	2120	730	782
	13	千小美	物流部	项目主管	2890	800	836
	14		物流部	汇总			5282
	15		总计				11574

图 4-43　分类汇总结果

训练项目 6　产品销售表

【训练目标】

- 掌握插入图表的方法。
- 掌握图表参数设置的方法。

【训练内容】

制作"产品销售表"，在 Sheet1 工作表中建立产品销售数量的三维饼图，数据标志显示百分比，保留 1 位小数，并嵌入到本工作表中。

【训练步骤】

（1）启动 Excel 2010，新建工作簿 Book1，在工作表 Sheet1 中输入图 4-44 所示的内容。

	A	B	C	D
1	商品名称	销售数量	进货价	销售价
2	手机A	358	5378	5968
3	手机B	655	3845	4280
4	手机C	878	2087	2399
5	手机D	2000	1360	1680
6	手机E	1326	1678	2099
7	手机F	1578	1808	2288

图 4-44　"产品销售表"初始数据

（2）分别选择数据表中的 A1:A7 和 B1:B7 数据，单击"插入"选项卡"图表"组中的"饼图"按钮，在弹出的下拉列表中选择"三维饼图"，如图 4-45 所示，Excel 会根据数据自动生成如图 4-46 所示的图表。

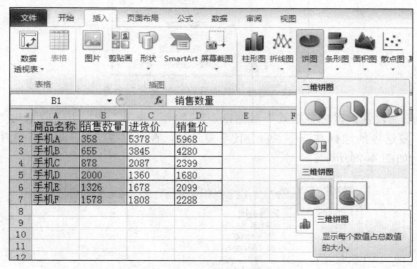

图 4-45　选择"三维饼图"

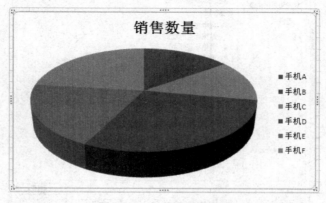

图 4-46　生成的三维饼图

（3）选中图表，在激活的"图表工具/布局"选项卡的"标签"组中单击"数据标签"按钮，在弹出的下拉列表中选择"其他数据标签选项"命令，如图 4-47 所示。

图 4-47　选择"其他数据标签选项"命令

（4）弹出"设置数据标签格式"对话框，在"标签选项"选项卡中取消对"标签包括"区域中"值"复选项的选择并选中"百分比"复选项，在"标签位置"区域中选中"数据标签外"单选项，如图 4-48 所示。

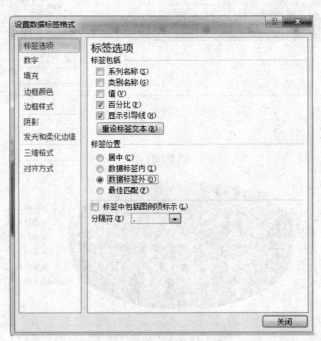

图 4-48　"设置数据标签格式"对话框

（5）单击"数字"选项卡，设置数字"类别"为"百分比"，"小数位数"为1，如图4-49所示。

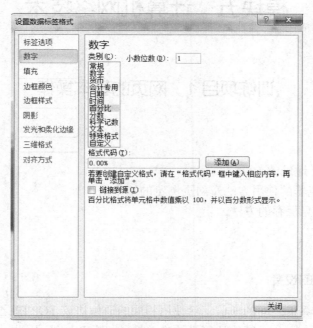

图4-49　"数字"选项卡设置

（6）单击"关闭"按钮，最终结果如图4-50所示。

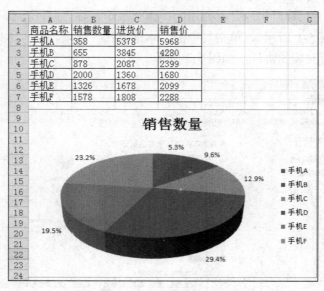

图4-50　"产品销售表"三维饼图

模块五 计算机网络技术

训练项目 1 网页的基本操作

【训练目标】

- 掌握设置 IP 地址的方法。
- 掌握 IE 浏览器的使用方法及网页浏览的基本操作。
- 掌握网页信息保存的方法。

【训练内容】

任务 1 IP 地址的设置

为了实现不同计算机之间的通信，除使用相同的通信协议 TCP/IP 之外，每台计算机都必须由授权单位分配一个区分于其他计算机的唯一地址，即 IP 地址。因此，在计算机接入 Internet 之前，首先需要设置 IP 地址。计算机获得 IP 地址的方式有手动配置和自动获取两种。下面介绍手动配置计算机 IP 地址的方法。

（1）右击"网上邻居"图标，在弹出的快捷菜单中选择"属性"命令，打开"网络和共享中心"窗口（如图 5-1 所示），单击其中的"本地连接"选项，在"本地连接属性"对话框中即可查看计算机所安装的协议，如图 5-2 所示。

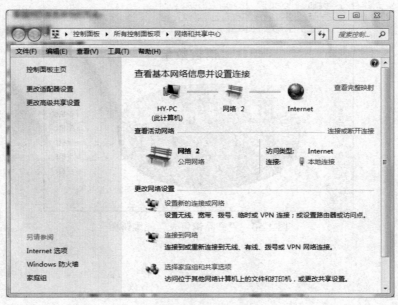

图 5-1 "网络和共享中心"窗口

（2）双击"此连接使用下列项目"列表框中的"Internet 协议版本 4（TCP/IPv4）"，弹出"Internet 协议版本 4（TCP/IPv4）属性"对话框，如图 5-3 所示，配置计算机的 IP 地址、子网掩码、默认网关、域名服务器，完成后单击"确定"按钮。

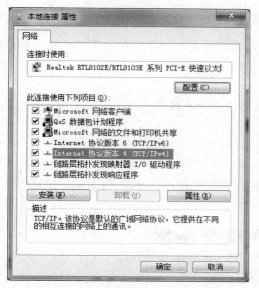
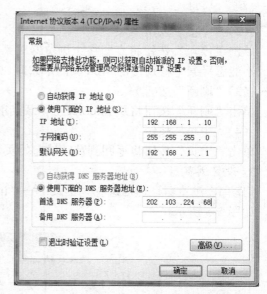

图 5-2　"本地连接 属性"对话框　　　图 5-3　"Internet 协议版本 4（TCP/IPv4）属性"对话框

任务 2　Internet Explorer 的启动和基本设置

1. 启动 IE 8

启动 IE 8 的方法有以下 3 种：

- 双击 Windows 7 桌面上的 Internet Explorer 图标 @。
- 单击"开始"→"所有程序"→Internet Explorer 命令。
- 单击 Windows 7 任务栏中的"启动 Internet Explorer 浏览器"快捷方式按钮。

启动 IE 8 成功后出现预先设置的默认网站首页，如图 5-4 所示。

图 5-4　IE 8 窗口

2．标准工具栏的使用

（1）"前进"按钮 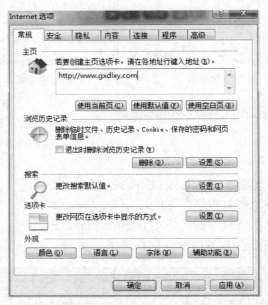 和"后退"按钮 。

"后退"按钮用于返回到前一显示页，通常是最近的那一页；"前进"按钮用于转到下一显示页。

（2）"停止"按钮 × 。

单击"停止"按钮将立即终止浏览器对某一链接的访问。当我们单击了某个错误的超链接或不能忍受某个特别慢的 Web 页的下载时，可以使用此项功能。

（3）"刷新"按钮 。

单击"刷新"按钮将从 Internet 上下载当前文档的一个新拷贝。

（4）"主页"按钮 。

单击"主页"按钮将返回到默认的起始页。

3．设置浏览器

启动 IE 浏览器，然后选择"工具"→"Internet 选项"命令，弹出"Internet 选项"对话框，如图 5-5 所示。

图 5-5　"Internet 选项"对话框

（1）改变浏览器的主页位置。

用户可以通过单击"使用当前页"、"使用默认页"和"使用空白页"按钮来更改起始主页。例如设置浏览器的默认主页为广西电力职业技术学院的主页，则在主页的地址栏中输入广西电力职业技术学院的主页地址 http://www.gxdlxy.com，再单击"确定"按钮。

（2）浏览历史记录。

在"浏览历史记录"区域中单击"删除"按钮，则可以选择删除所有临时文件、历史记录、Cookie、保存的密码和网页表单信息等。

（3）历史记录参数设置。

在"浏览历史记录"区域中单击"设置"按钮，可以更改历史记录中网页保存的天数，默认为 20 天；还可以更改 Internet 临时文件夹的位置。

（4）"连接"选项卡设置。

在此设置计算机入网的方式，如通过拨号上网则选择使用调制解调器链接；如通过局域网上网，则须选中该项；如果设置有代理服务器，则需要输入代理服务器的 IP 地址和端口号，如图 5-6 所示。

（5）"高级"选项卡设置。

选择"高级"选项卡，如图 5-7 所示，在多媒体选项中可通过对复选框的选择来播放或停止网页中的多媒体，如动画、声音、视频等。

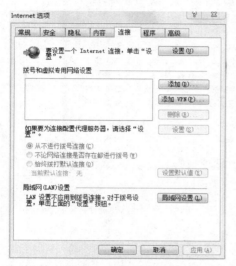 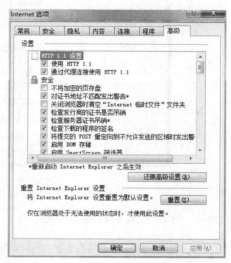

图 5-6 "Internet 选项"对话框的"连接"选项卡 图 5-7 "Internet 选项"对话框的"高级"选项卡

任务 3 浏览网站

启动 IE 8 成功后，在地址栏中输入要浏览的具体网站的网址并回车即可进入该网站的首页。例如在地址栏中输入 http://www.163.com 并回车，则可以进入网易网站的首页，如图 5-8 所示。

图 5-8 网易的首页

也可以利用网址导航网站，单击其给出的快速链接即可进入需要访问的网站。常用的"网址之家"的地址是 http://www.hao123.com，如图 5-9 所示。

图 5-9　"网址之家"网站

任务 4　保存网页中的信息资源

保存网页中的信息资源分以下几种情况：

- 把网页整个保存下来。方法为：单击"页面"→"另存为"命令，在弹出的对话框中指定保存的文件夹和文件名、保存类型，再单击"保存"按钮，如图 5-10 和图 5-11 所示。

图 5-10　保存网页的命令操作

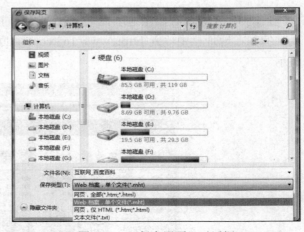

图 5-11　"保存网页"对话框

- 把网页中的部分文字保存下来。方法为：用鼠标选定文本块并右击，在弹出的快捷菜单中选择"复制"命令（如图 5-12 所示），打开 Word 或记事本，单击"编辑"→"粘贴"命令，再单击"另存为"命令，指定保存的文件夹和文件名，单击"保存"按钮。

如果需要保存网页中的所有文字，则单击"页面"→"另存为"命令，在弹出的对话框中指定保存的文件夹和文件名，保存类型设置为"文本文件"，单击"保存"按钮，如图 5-13 所示。

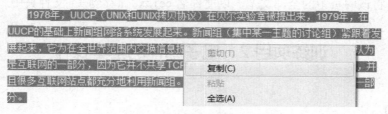

图 5-12　保存网页上的文字

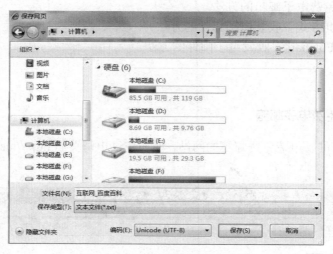

图 5-13　保存网页上的全部文字

● 保存网页中的某张图片。方法为：在图片上右击，在弹出的快捷菜单中选择"图片另存为"命令（如图 5-14 所示），在弹出的对话框中指定保存的文件夹和文件名，单击"保存"按钮。

图 5-14　保存网页上的图片

任务 5　计算机一级机试模拟练习题

打开"test"文件夹中的 ccweb1.htm 文件，将该网页中的图片，以文件名 img1.jpg 保存到 T1 文件夹中；将该网页中的全部文本，以文件名 cc1.txt 保存到 T1 文件夹中。

训练项目 2　电子邮件的基本操作

【训练目标】

- 掌握申请免费电子邮箱的方法。
- 掌握在网页方式下收发电子邮件的方法。
- 掌握使用 Foxmail 7 收发电子邮件的方法。

【训练内容】

任务 1　申请免费电子邮箱

（1）进入一个可以申请免费邮箱的网站，例如登录申请页面 http://mail.sina.com.cn，如图 5-15 所示。

图 5-15　登录免费邮箱网站

（2）单击"立即注册"按钮，进入"欢迎注册新浪邮箱"页面，按照要求填写邮箱地址、登录密码、验证码等，勾选"我已阅读并接受《新浪网络使用协议》和《新浪免费邮箱服务条款》"复选项，单击"立即注册"按钮完成免费邮箱的申请，如图 5-16 所示。

若注册成功，页面便直接跳转至邮箱的首页，接下来即可收发邮件了，如图 5-17 所示。

图 5-16 注册邮箱

图 5-17 邮箱首页

任务 2 在网页方式下收发电子邮件

（1）单击"写信"按钮，输入收件人的电子邮箱，分别编辑主题和正文；还可以对信件内容进行类似于 Word 文档的格式和段落编辑，或应用窗口右侧的"信纸"功能，如图 5-18 所示。

（2）如果还附带发送其他类型的文档，可以单击"添加附件"按钮，在弹出的对话框中找到它并单击"打开"按钮将其插入到邮件中一起发送给对方，如图 5-19 所示。

图 5-18　写邮件

（a）"添加附件"按钮

（b）"选择要上载的文件"对话框

图 5-19　添加附件

（3）完成后单击"发送"按钮，如果发送成功则会得到相应的提示，如图 5-20 所示。

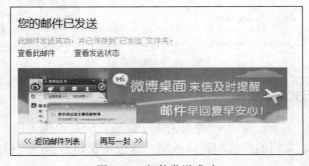

图 5-20　邮件发送成功

提示：收取电子邮件的方法很简单，直接单击"收信"按钮即可。

任务 3 使用 Foxmail 7 收发邮件

目前，用于收发电子邮件的软件有很多，为大家所熟知的有 Outlook Express、Foxmail、Mailbox、EudoraPro 等。下面介绍功能强大的电子邮件软件 Foxmail，可以登录网址 http://www.foxmail.com 进行软件下载，如图 5-21 所示。Foxmail 当前已更新至 7.2.5 版本。

图 5-21　Foxmail 软件下载

1. 启动 Foxmail 7

双击桌面上的 Foxmail 图标或者单击"开始"→"所有程序"→Foxmail 命令，Foxmail 软件界面如图 5-22 所示。

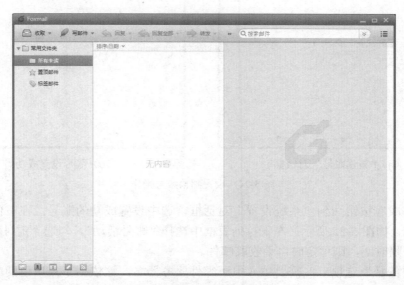

图 5-22　Foxmail 软件界面

2. Foxmail 账户设置

邮件管理的第一步是设置邮箱账号。单击界面右上角的 ≡ 按钮，在下拉列表中选择"账号管理"命令，弹出"系统设置"对话框，单击"新建"按钮，在弹出的对话框中输入 E-mail 地址和密码，填写完毕后单击"创建"按钮，若信息填写无误，则会看到账号设置成功提示，如图 5-23 和图 5-24 所示。

（a）"账号管理"命令

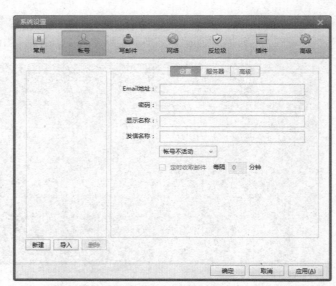

（b）"系统设置"对话框

图 5-23　设置邮箱账号操作

（a）"新建账号"对话框

（b）账号设置成功

图 5-24　设置邮箱账号操作

单击"完成"按钮回到"系统设置"对话框，选中设置成功的账号，在右侧可以看到账号的详细信息，如图 5-25 所示。在下拉列表框中选择"账号活动"，勾选"定时收取邮件"复选框并设置间隔时间，则可定时自动收取邮件。

单击"服务器"选项卡，需要填入电子邮件服务器名，这依据个人申请的邮箱而有所不同。现在我们所用的邮箱大多采用 POP3 与 SMTP 服务器。在创建账号的过程中 Foxmail 会自动帮我们填写，如图 5-26 所示。所有信息填写完成后单击"确定"按钮。

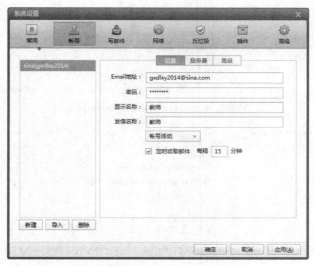

图 5-25 账号设置成功后的"系统设置"对话框

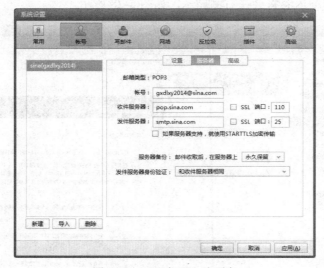

图 5-26 "服务器"选项卡

常见电子邮箱服务器如表 5-1 所示。

表 5-1 常见电子邮箱服务器

提供商	POP3	SMTP
163（网易）	pop.163.com	smtp.163.com
263（网络通信）	263.net	smtp.263.net
sina.com（新浪）	pop.sina.com	smtp.sina.com
QQ（腾讯）	pop.qq.com	smtp.qq.com

如果出现账号无法验证通过的情况，一般需要到网站上登录邮箱后再设置账户开启"POP3/SMTP 服务"或"IMAP4 服务/SMTP 服务"，如图 5-27 所示。

图 5-27　为邮箱开启"POP3/SMTP 服务"或"IMAP4 服务/SMTP 服务"

至此，账户设置完成，可以回到软件主界面，单击工具栏中的"收取"按钮开始接收邮件，被选中邮件的详细内容将会在右侧显示，如图 5-28 所示。

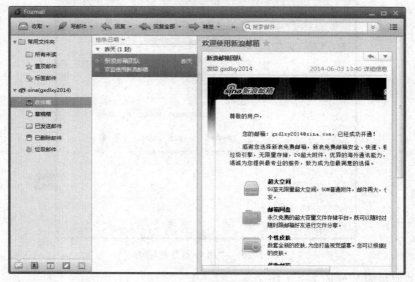

图 5-28　收取邮件

3．使用 Foxmail 发送邮件

单击工具栏中的"写邮件"按钮 ✉ 写邮件，弹出"未命名-写邮件"窗口。窗口分三部分：工具栏、发送选项栏、内容编辑区。

下面开始写邮件。分别输入收件人地址、抄送、主题等信息。窗口中间的工具栏可供对字体、字号、颜色、文字排列方式等进行设置，如图 5-29 所示。

如果还附带发送其他类型的文档，可以单击"附件"按钮 ⧉ 附件，在弹出的对话框中找到想要的文件并单击"打开"按钮将其插入到邮件中一起发送给对方，如图 5-30 所示。

邮件编辑完成后，单击"发送"按钮，查看"已发送邮件"文件夹，其中包含我们所发送的邮件，说明已经发送成功。

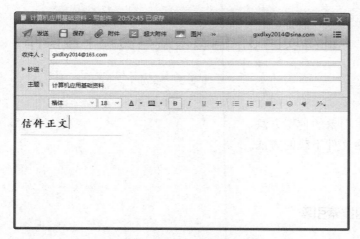

图 5-29　撰写邮件

图 5-30　通过"打开"对话框插入附件

任务 4　计算机一级机试模拟练习题

1. 在 T□文件夹中新建一个文本文档 ip1.txt，录入并保存本机的 IP 地址和 DNS 服务器地址。

2. 启动收发电子邮件软件，编辑如下电子邮件：

　　收件人地址：（收件人地址考试时指定）

　　主题：T□稿件

　　正文如下：

　　张老师：您好！

　　　　附件为我的作业。谢谢！

　　　　　　　　　　　　　　　　　　　（考生姓名）

　　　　　　　　　　　　　　　　2014 年 6 月 1 日

3. 将 ip1.txt 文件作为电子邮件的附件，发送电子邮件。

训练项目3　信息检索与资源下载操作

【训练目标】

- 掌握搜索引擎的使用方法。
- 掌握网络文件下载的方法。

【训练内容】

任务1　使用搜索引擎

要在本地计算机里查找某些资料，只要单击"开始"→"搜索"命令，在"搜索"框中输入要搜索内容的关键词即可。然而，当我们想在网上查找某些资料时，是否觉得无从下手呢？搜索引擎则提供了一整套的解决方案。

Internet 上有许多搜索引擎，比较流行的有：

- Google：http://www.google.com .hk。
- 百度：http://www.baidu.com。
- 搜狗：http://www.sogou.com。

搜索引擎的使用方法如下：

（1）在 IE 浏览器的地址栏中输入搜索引擎网站的网址（如 http://www.baidu.com）并回车，登录其网站首页，如图 5-31 所示。

图 5-31　百度网站首页

（2）在"查询字串"文本框中输入想要查找的信息，然后单击"百度一下"按钮。查询结果按列表方式给出，如果超出一页的范围，在网页底部有各页的超链接。每一项查询结果给出标题、URL、主要内容等相关信息。例如以"计算机应用基础"为关键字进行查询，查询结果如图 5-32 所示。

（3）单击其中一项查询结果，则会自动链接到相关网站，如图 5-33 所示。

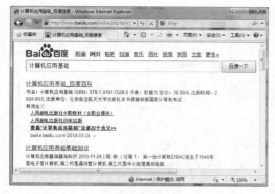

图 5-32 查询结果列表

图 5-33 跳转至相关页面

在关键词较多的情况下，选好关键词是快速、准确获取信息的前提，应尽量选取具有代表性或指示性的词语作为关键词，这样可以优化搜索结果，有效地提高信息检索的效率。

其他搜索引擎网站的使用大同小异，请读者同样以"计算机应用基础"为关键字使用 Google 进行搜索，搜索结果如图 5-34 所示，对比搜索的结果与百度是否相同。

图 5-34 使用 Google 搜索的结果

任务 2 网络文件的下载

1. 使用浏览器直接下载

这是许多上网初学者经常使用的方式，它操作简单方便，在浏览过程中只要点击需要下载的链接，浏览器就会自动启动下载，只要给下载的文件选择存放路径即可正式下载。下载过程如图 5-35 至图 5-37 所示。

图 5-35 选择不同的网络运营商

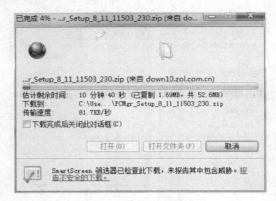

图 5-36　浏览器直接下载　　　　　　　　　图 5-37　选择文件的保存路径

　　这种方式的下载虽然简单，但也有它的弱点，那就是不能限制速度、不支持断点续传、对于拨号上网的用户来说下载速度比较慢。

　　2.　使用专业下载软件进行下载

　　当所下载信息的容量较大或者需要分批、分时间段进行信息下载时，一般需要使用专门的下载软件进行下载。常用的下载软件有迅雷（Thunder）、网际快车（FlashGet）、BT 下载（BitComet）、电驴（eMule）、网络蚂蚁（NetAnts）等，这里以迅雷为例来介绍下载软件的使用方法。

　　（1）下载迅雷软件并安装到计算机上。迅雷软件界面如图 5-38 所示。

图 5-38　迅雷软件界面

　　（2）迅雷软件安装成功后，在网页的下载链接上直接右击，选择"使用迅雷下载"命令，如图 5-39 所示。如果是批量下载，则选择"使用迅雷下载全部链接"命令。

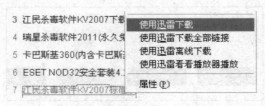

图 5-39　"迅雷下载"右键快捷菜单

（3）如果在网页上有"迅雷下载"的相关选项，则可直接单击该选项，也会自动打开迅雷软件进行下载，如图5-40所示。

图 5-40　直接选择"迅雷下载"选项

（4）当迅雷软件与服务器连接成功后，便会建立下载任务，用户选择文件的保存路径后单击"立即下载"按钮（如图5-41所示）即可开始下载（如图5-42所示），完成后迅雷会提示用户下载已完成。

图 5-41　指定保存路径

图 5-42　下载过程

其他专业下载软件的使用与迅雷大同小异，读者可自行下载安装并使用。

模块六　演示文稿软件 PowerPoint 2010

训练项目 1　演示文稿的基本操作

【训练目标】

- 掌握演示文稿的创建（自建、利用内容提示向导、利用模板）与保存方法。
- 掌握幻灯片对象的操作方法。

【训练内容】

任务 1　演示文稿的创建

（1）启动 PowerPoint 2010，方法是：单击"开始"→"所有程序"→Microsoft Office→Microsoft PowerPoint 2010 命令。启动 PowerPoint 2010 应用程序的同时，程序为我们创建了一个空白的演示文稿。

（2）单击"设计"选项卡，在"主题"组中选择合适的主题样式，将光标悬停在各个主题之上可以看到主题的名称，在所选主题上右击可以选择"应用于所有幻灯片"或"应用于选定幻灯片"命令，如图 6-1 所示。

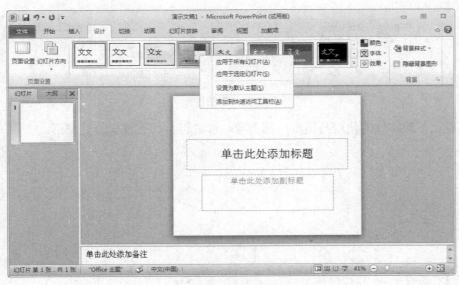

图 6-1　应用主题

（3）单击快速主题右边的"颜色"按钮，打开如图 6-2 所示的配色列表，选择"极目远眺"配色方案，修改主题颜色。

图 6-2　修改主题颜色

（4）演示文稿第一张幻灯片的版式一般默认为"标题幻灯片"，在"标题"占位符中输入"神秘的北纬 300"，选中标题文字，利用"开始"选项卡的"字体"组将字体设置为"黑体"，字号设置为 36，并加粗，单击"字体颜色"按钮 ，在下拉列表（如图 6-3 所示）中选择"其他颜色"命令，弹出"颜色"对话框（如图 6-4 所示），在"自定义"选项卡的"颜色模式"下拉列表框中选择 RGB，在"红色"、"绿色"和"蓝色"数值框中分别输入 110、79、16，单击"确定"按钮。在"副标题"占位符中输入"——沿着北纬 300，让我们打开地球的记忆大门"，文字字体设为"华文中宋"，字号为 25，颜色默认，如图 6-5 所示。

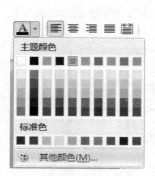

图 6-3　"字体颜色"按钮及其下拉列表

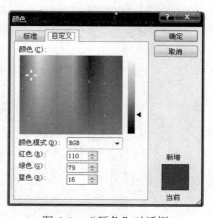

图 6-4　"颜色"对话框

（5）将光标定位在第一张幻灯片之后，然后单击"开始"选项卡"幻灯片"组中的"新建幻灯片"按钮，如图 6-6 所示，在下拉列表中选择"标题和竖排文字"，或直接按回车键，插入一张新幻灯片，然后单击"版式"按钮 版式，选择"标题和竖排文字"版式，或者选中新幻灯片并右击，在弹出的快捷菜单中选择"版式"→"标题和竖排文字"，如图 6-7 所示。

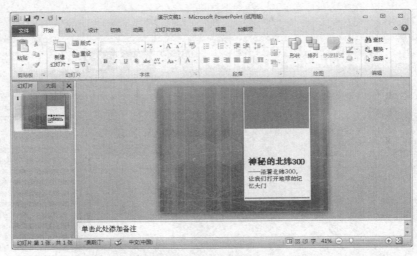

图 6-5　在标题幻灯片中输入文本

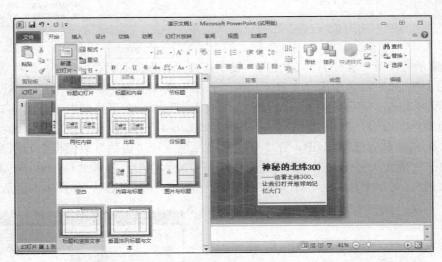

图 6-6　新建幻灯片

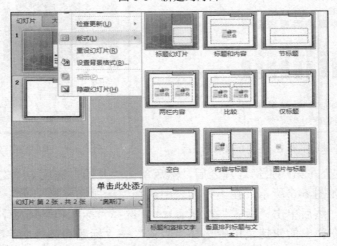

图 6-7　右击幻灯片选择应用版式

（6）在新幻灯片的标题处输入文字"奇迹与神秘之地会聚于此"，字体设为"黑体"，字号为 40，应用最近使用的颜色；在文本占位符中输入相应的文字，文本字体设为"华文中宋"，字号为 24，颜色默认，选中文本并右击，在弹出的快捷菜单中选择"段落"命令，在弹出的对话框中设置"行距"为"多倍行距"并在"设置值"数值框中输入 2，如图 6-8 所示。

图 6-8　在文本占位符中输入文字并设置行距

（7）选中第二张幻灯片中的文本并右击，在弹出的快捷菜单中选择"项目符号"→"项目符号和编号"命令（如图 6-9 所示），弹出"项目符号和编号"对话框，其中有两个选项卡，如图 6-10 和图 6-11 所示。

图 6-9　文本右键快捷菜单

图 6-10　"项目符号"选项卡　　　　　图 6-11　"编号"选项卡

（8）单击"自定义"按钮，在弹出的"符号"对话框中选择如图 6-12 所示的符号样式，单击"确定"按钮后返回到"项目符号和编号"对话框，颜色选择最近使用的颜色，大小为 90%字高，如图 6-13 所示，设置完成后单击"确定"按钮。

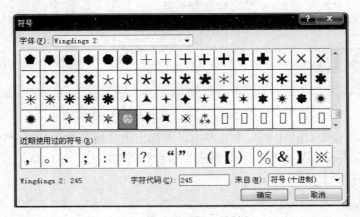

图 6-12　"符号"对话框

图 6-13　自定义项目符号

任务 2 幻灯片对象的插入

（1）启动 PowerPoint 2010，单击"文件"→"新建"命令，选择"波形"主题，单击"创建"按钮创建新幻灯片，如图 6-14 所示。在窗口中心的幻灯片上单击标题的占位符激活文本框，输入"计算机文化基础"；单击副标题占位符，光标位于副标题文本框内，输入"教学课件"。

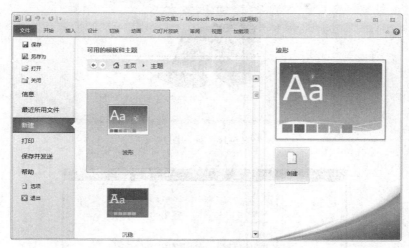

图 6-14 根据主题创建空白幻灯片

（2）在左侧幻灯片窗格中按回车键新建幻灯片，默认版式为"标题和内容"，如图 6-15 所示。

图 6-15 "标题和内容"版式

（3）单击幻灯片标题占位符，输入"计算机基础知识"；单击文本占位符中的"插入来自文件的图片"按钮，插入如图 6-16 所示的"计算机.jpg"图片。

（4）选中图片并右击，选择弹出快捷菜单中的"大小和位置"命令，弹出如图 6-17 所示的"设置图片格式"对话框，将"缩放比例"中的"高度"和"宽度"数值框均设置为120%，勾选"锁定纵横比"复选框，单击"确定"按钮。

（5）添加第三张新幻灯片，选中标题占位符，输入"计算机发展史"；单击文本占位符

中的"插入表格"按钮，弹出"插入表格"对话框，"列数"和"行数"都设置为 5，如图 6-18
所示，单击"确定"按钮，然后在表格的各个单元格中输入图 6-19 所示表格中的文字内容。

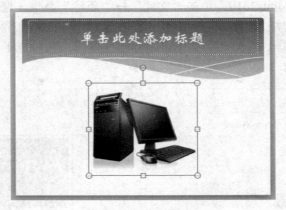

图 6-16　插入图片

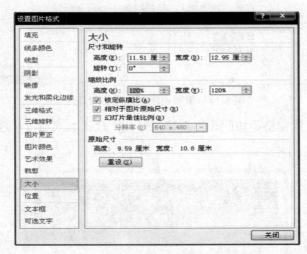

图 6-17　"设置图片格式"对话框

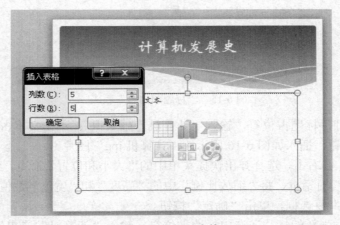

图 6-18　插入表格

时代	年份	器件	软件	应用
一	1946~1958 年	电子管	机器、汇编语言	科学计算
二	1958~1964 年	晶体管	高级语言	数据处理、工业控制
三	1964~1970 年	集成电路	操作系统	文字处理、图形处理
四	1970 年至今	大规模集成电路	数据库、网络等	社会的各个领域

图 6-19　计算机的特点

（6）新添加一张幻灯片，将版式设置为"空白"。单击"插入"选项卡"插图"组中的"形状"按钮，选择下拉列表中的"矩形"按钮▢，鼠标移动到幻灯片上时指针变成十字形，单击鼠标左键并进行拖动，绘制出一个矩形，输入"计算机系统"，采用复制和粘贴或者"绘图工具/格式"选项卡中的"插入形状"按钮继续增加如图 6-20 所示的各矩形框，并把它们按图上所示的位置进行排列。利用直线工具＼绘制连接各矩形框的线段。

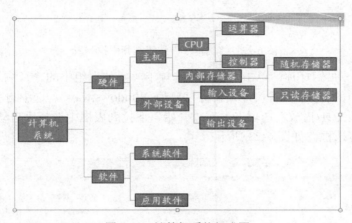

图 6-20　计算机系统组成图

（7）把绘制好的图形的所有文本框和线段全部选中并右击，在弹出的快捷菜单中选择"组合"→"组合"命令把所有对象组合成一个大的图形，并移动到幻灯片的最佳显示位置处，如图 6-21 所示。

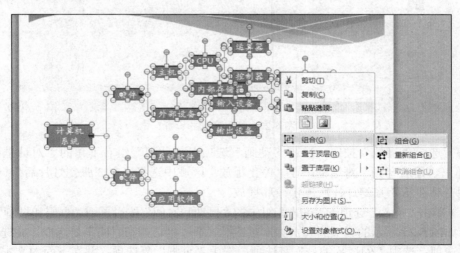

图 6-21　组合图形

（8）单击"插入"选项卡"文本"组中的"艺术字"按钮，在下拉列表中选择合适的效果，如图 6-22 所示，输入"计算机的组成"。

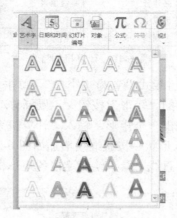

图 6-22　"艺术字"按钮及其下拉列表

（9）回到第一张幻灯片，单击"插入"选项卡"媒体"组中的"音频"按钮，在下拉列表中选择"文件中的音频"，插入音频素材"启动 Windows.wav"，选中自动生成的"播放"按钮，单击"音频工具/播放"选项卡，在"开始"下拉列表框中选择"自动"，勾选"循环播放，直到停止"复选框，如图 6-23 所示。

图 6-23　插入音频并设置

（10）选中"播放"按钮，单击"动画"选项卡"动画"组右下角的"对话框开启"按钮，弹出"播放音频"对话框，在"停止播放"区域中选择"在 3 张幻灯片后"，如图 6-24 所示，则音频在第 3 张幻灯片后停止循环播放。

（11）单击"插入"选项卡"文本"组中的"日期和时间"按钮或"页眉和页脚"按钮，均会弹出如图 6-25 所示的"页眉和页脚"对话框。选中"日期和时间"复选框，并选中"自动更新"单选项；选中"幻灯片编号"复选项；选中"页脚"复选项，并在下面的文本框中输入"广西电力职业技术学院"；选中"标题幻灯片中不显示"复选项，单击"全部应用"按钮。

图 6-24　设置音频播放动画效果

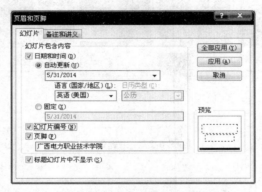

图 6-25　"页眉和页脚"对话框

（12）保存演示文稿，按 F5 键或单击演示文稿状态栏中的"幻灯片放映"按钮 进行播放，预览效果。

训练项目2　演示文稿的修饰

【训练目标】

- 掌握幻灯片背景和配色方案的设置方法。
- 掌握幻灯片母版的设置方法。

【训练内容】

任务1　幻灯片背景及配色方案设置

PowerPoint 2010 中，幻灯片背景可以是幻灯片中自带的主题背景设计，也可以是计算机中的某个图片。

（1）启动 PowerPoint 2010，打开演示文稿，单击"设计"选项卡"主题"组中的"跋涉"主题，如图 6-26 和图 6-27 所示。

图 6-26　幻灯片设计

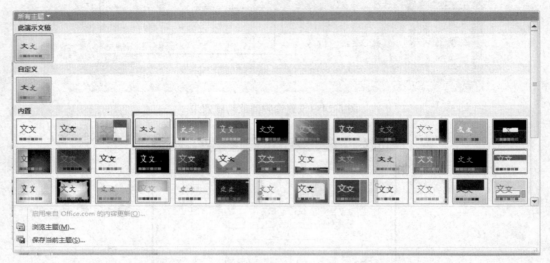

图 6-27　主题选择

效果如图 6-28 所示。

图 6-28　主题设计效果

（2）当需要改变整体文字及背景色彩时，单击"设计"选项卡"主题"组中的"颜色"按钮右侧的下拉按钮，在下拉列表中选择"凤舞九天"，可改变演示文稿的文字色彩显示效果，如图 6-29 所示。

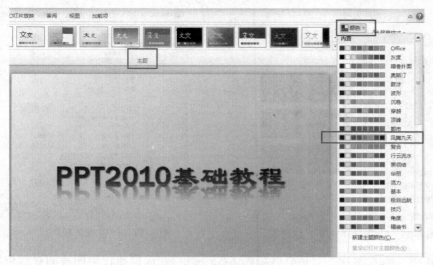

图 6-29　编辑配色效果

技巧：单击"主题"组中的"颜色"按钮，弹出"新建主题颜色"对话框，可以新建自定义主题色彩，还可以自定义超链接文字的颜色，如图 6-30 所示。如果仅仅改变背景色彩，可以单击"背景"组中的"背景样式"按钮，在下拉列表中选择一种背景，再选择"重置幻灯片背景"命令，如图 6-31 所示。

图 6-30　"新建主题颜色"对话框

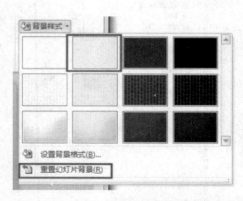

图 6-31　"背景样式"按钮及其下拉列表

（3）单击"设计"选项卡"背景"组中的"背景格式"按钮，如图 6-32 所示。

图 6-32　设置背景

（4）在"背景样式"下拉列表（如图 6-33 所示）中选择"设置背景格式"命令，在弹出对话框的"填充"选项卡中选择"图片或纹理填充"单选项，单击"文件"按钮，如图 6-34 所示。

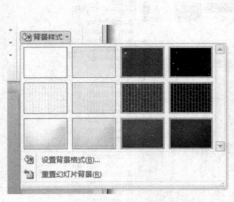

图 6-33 "背景样式"下拉列表

图 6-34 "设置背景格式"对话框

（5）弹出"插入图片"对话框（如图 6-35 所示），选择要使用图片的存放位置，选中后单击"打开"按钮，返回"设置背景格式"对话框，单击"全部应用"按钮，即可将需要的图片设置为图片背景。

图 6-35 "插入图片"对话框

最终效果如图 6-36 所示。

任务2 幻灯片母版设置

（1）创建新演示文稿，单击"视图"选项卡"母版视图"组中的"幻灯片母版"按钮（如图 6-37 所示），进入幻灯片母版视图。

（2）选择"日期区"，在"日期/时间"前面单击，设置字体格式为 16 号、紫色、楷体，再输入"制作日期："，如图 6-38 所示。

图 6-36 最终效果

图 6-37 进入幻灯片母版视图的按钮操作

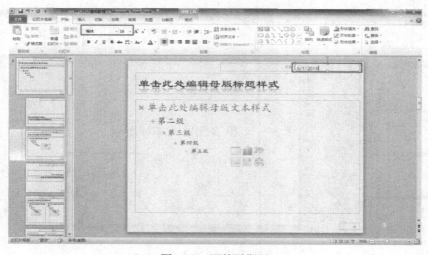

图 6-38 调整日期区

(3)选择"页脚区",在"页脚"前面单击,并通过"插入"选项卡"符号"组中的"符号"按钮插入符号★★★,同样在"页脚"后面单击插入★★★,设置星形颜色为红色,如图 6-39 所示。

(4)选中"数字区",在"<#>"前面单击并输入"幻灯片编号:",然后选中"<#>",设置颜色为淡紫色,如图 6-40 所示。

(5)单击"插入"选项卡"图像"组中的"图片"按钮插入一幅电脑图片,把它调整到合适大小并拖到幻灯片右下角。单击"幻灯片母版"选项卡"关闭"组中的"关闭母版视图"按钮，回到幻灯片编辑状态，会发现每一张幻灯片右下角都出现了同一张图片，如图 6-41 所示。

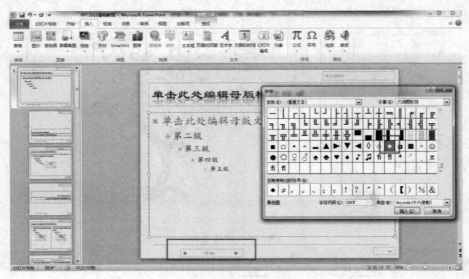

图 6-39　修改页脚

图 6-40　修改"幻灯片编号"

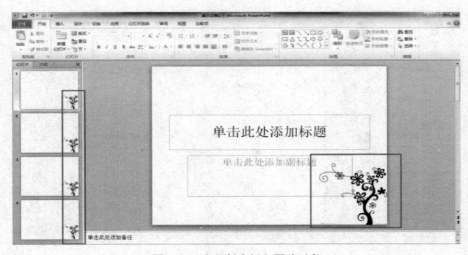

图 6-41　在母版中插入图片对象

训练项目 3　演示文稿的播放

【训练目标】

- 掌握幻灯片动画设置、动作设置和超链接设置：设置动画效果，设置文字、图片、动作按钮形式的交互、链接、跳转。

● 掌握幻灯片放映设置：设置放映方式、设置幻灯片的切换效果。

【训练内容】

任务 1 幻灯片动画设置

（1）启动 PowerPoint 2010，单击"文件"→"打开"命令，弹出"打开"对话框，选择"PPT2010 基础教程.ppt"，单击"打开"按钮，如图 6-42 所示。

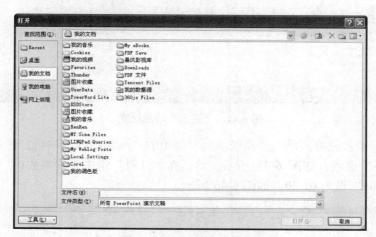

图 6-42 "打开"对话框

（2）选定第一张幻灯片，单击"动画"选项卡"动画"组中的"动画"按钮，或单击"动画"选项卡"高级动画"组中的"添加动画"按钮，均可添加自定义动画。还可以单击"高级动画"组中的"动画窗格"按钮，打开"动画窗格"任务窗格，当前没有任何自定义动画，如图 6-43 所示。

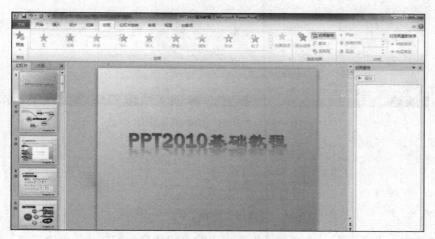

图 6-43 "动画窗格"任务窗格

（3）选定标题占位符，单击"动画"组中的"添加动画"按钮，选择"进入"区域中的"浮入"选项，然后在"效果选项"下拉列表中选择"上浮"，在"计时"组中设置参数："开始"设为"单击时"，"持续时间"设为 01:00，如图 6-44 所示。

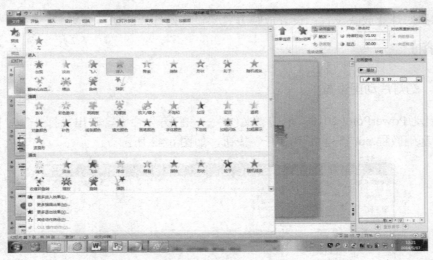

图 6-44 "进入"动画设置

（4）选择标题占位符，单击"高级动画"组中的"添加动画"按钮，选择"强调"区域中的"放大/缩小"选项，如图 6-45 所示。然后在"计时"组中设置参数："开始"设为"单击时"，"持续时间"设为 01:00，如图 6-46 所示。

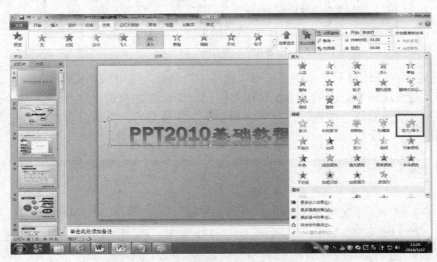

图 6-45 "强调"动画效果添加

图 6-46 "强调"动画"计时"组设置

（5）选定第一张幻灯片，在"切换"选项卡的"切换到此幻灯片"组中选择幻灯片切换效果，如选择"随机线条"；在"效果选项"下拉列表中选择"垂直"，在"声音"下拉列表框中选择"无声音"，"持续时间"设置为 01:00，单击"全部应用"按钮。在"换片方式"下选中"单击鼠标时"复选框，再选中"设置自动换片时间"复选框并设为 00:05:00，如图 6-47 所示。

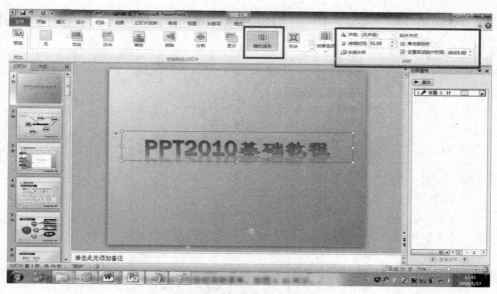

图 6-47 设置幻灯片切换效果

（6）按 F5 键或单击"幻灯片放映"选项卡"开始放映幻灯片"组中的"从头开始"按钮进行幻灯片的放映。

任务 2 幻灯片动作设置、超级链接及放映设置

（1）打开演示文稿"PPT2010 基础教程.ppt"，选中第二张幻灯片中的文本框"认识PPT2010"。单击"插入"选项卡"链接"组中的"动作"按钮，弹出"动作设置"对话框，如图 6-48 所示。

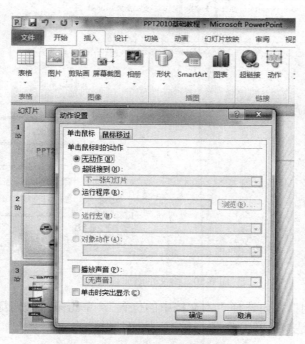

图 6-48 打开"动作设置"对话框

（2）在"单击鼠标"选项卡中选中"超链接到"单选项，并在其下拉列表框中选择"下一张幻灯片"，如图 6-49 所示。

图 6-49　"动作设置"对话框

（3）单击第二张幻灯片，选择"认识 PPT2010"文字，单击"插入"选项卡"链接"组中的"超链接"按钮，或者右击并选择"超链接"命令，或按 Ctrl+K 组合键，均可弹出"插入超链接"对话框，为文字添加超级链接，如图 6-50 和图 6-51 所示。

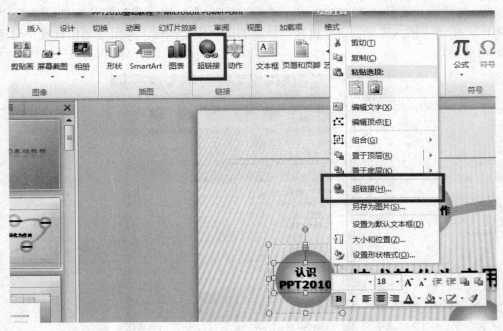

图 6-50　给文字添加超级链接

（4）在"链接到"栏内选择"本文档中的位置"，单击第三张幻灯片，注意"幻灯片预览"窗格中的幻灯片是否正确，单击"确定"按钮超链接完成。

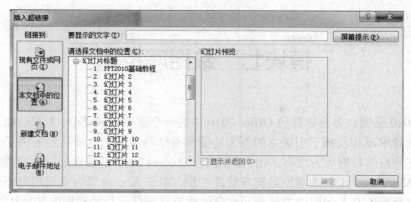

图 6-51　"插入超链接"对话框

（5）单击"幻灯片放映"选项卡"设置"组中的"设置幻灯片放映"按钮，在"设置放映方式"对话框中选择"演讲者放映（全屏幕）"，如图 6-52 所示。

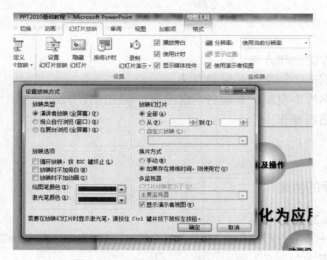

图 6-52　"设置放映方式"对话框

（6）在放映时，屏幕的左下角会出现"幻灯片放映"工具栏，单击 ✎ 按钮，用鼠标选择使用的笔和墨迹颜色，在幻灯片中进行标注，如图 6-53 所示。

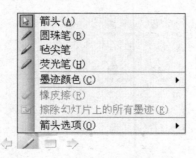

图 6-53　"幻灯片"放映工具栏

模块七　数据库技术

Access 2010 是微软办公软件包 Office 2010 中的一个重要组成部分，主要功能是数据库的管理和应用。它除继承和发扬了旧版本的强大功能和易学易用的优点外，还采用了全新的用户界面，并且在支持网络数据库方面有了很大的改进。Access 2010 是微软公司力推的、运行于新一代操作系统 Windows 7 上的关系型数据库管理系统，由于 Access 具有普通用户不必编写代码即可完成大部分数据库开发和应用的特点，它已经成为目前最流行的数据库管理软件之一。

训练项目 1　Access 表的基本操作

【训练目标】

- 掌握数据库的创建方法。
- 掌握在数据库中创建表对象的方法。
- 掌握在数据库中复制、重命名、删除表对象的操作方法。
- 掌握表的数据操作。

【训练内容】

任务 1　数据库的创建

1. 启动 Access 2010

单击"开始"→"所有程序"→Microsoft Office→Microsoft Access 2010 命令，即可启动 Access 2010，软件界面如图 7-1 所示。

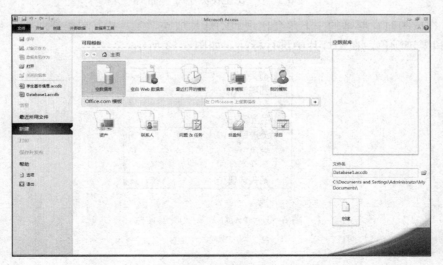

图 7-1　Access 2010 软件启动界面

2. 创建空数据库

（1）单击"文件"→"新建"命令，在右侧窗格中选择"空数据库"选项，或单击图 7-1 右边"文件名"旁的按钮 ，弹出"文件新建数据库"对话框，如图 7-2 所示，在其中指定 "存放位置"（如 D:）并输入"文件名"（如"学生基本信息"），如图 7-3 所示，单击"确定" 按钮。

（2）单击图 7-1 中右下角的"创建"按钮，完成操作。

图 7-2 "文件新建数据库"对话框

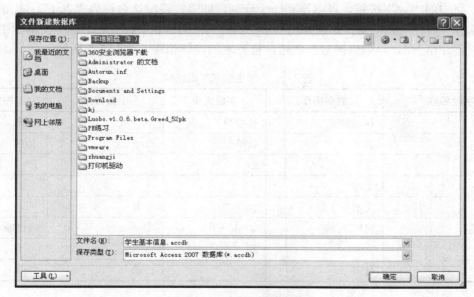

图 7-3 新建数据库文件

打开 D 盘就可以看到有一个数据库文件了。双击打开这个数据库文件，其数据库窗口界 面如图 7-4 所示。

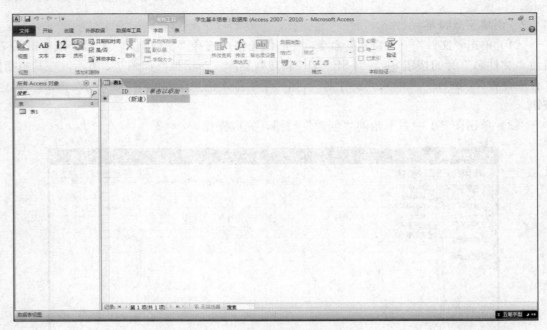

图 7-4 "学生基本信息"数据库窗口

任务 2 在数据库中创建数据表

要求使用表设计器在"学生基本信息.accdb"数据库中创建"学生信息"表。

操作步骤如下：

（1）构造表结构，如表 7-1 所示。打开"学生基本信息"数据库，单击"创建"选项卡"表格"组中的"表"按钮，可以得到一个新创建的表，表默认名称为"表 1"。右击"表 1"图标并选择"设计视图"命令，会弹出一个"另存为"对话框，在"表名称"文本框中输入表的名称"学生信息"，单击"确定"按钮，打开表的设计视图，如图 7-5 所示。

表 7-1 "学生信息"表结构

字段名称	数据类型	字段大小	小数位数	格式
编号	自动编号	长整型		主键
学号	数字	长整型	自动	主键
姓名	文本	8		
性别	文本	2		
籍贯	文本	20		
出生日期	日期/时间			短日期
专业	文本	20		
学费	货币		自动	货币

（2）在表的设计视图窗格上方第一行的"字段名称"列中输入"编号"，然后在"数据类型"列中单击，在弹出的下拉列表中选择"自动编号"，在下方窗格的"常规"选项卡的"字段大小"栏中设置默认的"长整型"。

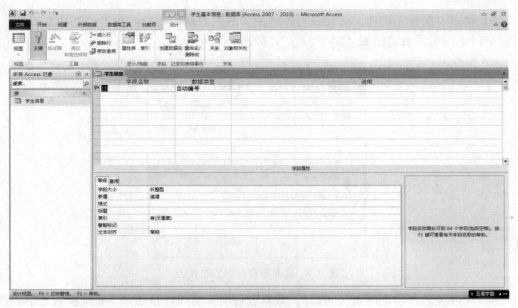

图 7-5　表的设计视图

（3）在表的设计视图中，依照表 7-1 分别定义字段"学号"、"姓名"、"性别"、"籍贯"、"出生日期"、"专业"和"学费"的字段名称、数据类型和字段大小。

（4）将鼠标放在"编号"前端的灰色边框上，鼠标会变成一个向右指示的黑色实心箭头，此时向下拖动鼠标，将第一、第二行同时选定，单击"表格工具/设计"选项卡"工具"组中的"主键"按钮；或者右击，在弹出的快捷菜单中选择"主键"命令，这时字段行左侧会出现一个钥匙状的图标 。设计完成后的表设计视图如图 7-6 所示。

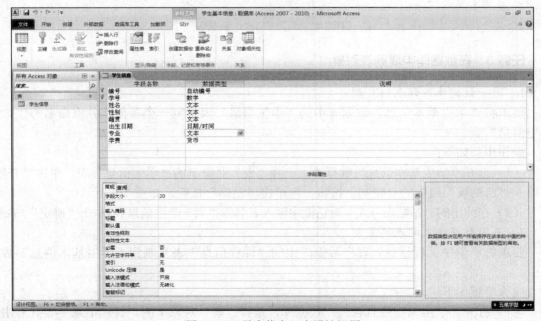

图 7-6　"学生信息"表设计视图

（5）单击"保存"按钮。关闭表设计视图，回到数据库窗口，在"学生基本信息"管理数据库窗口中列出了新建的表"学生信息"，如图7-7所示。

图7-7　数据库窗口下的新建表

（6）双击表名"学生信息"，打开"数据表视图"窗口，按照图7-8所示的"学生信息"数据表输入表记录。输入完毕，单击"学生信息"数据表窗口右上角的"关闭"按钮，数据自动保存并返回到数据库窗口。至此，"学生信息"表创建结束。

学生信息								
编号	学号	姓名	性别	籍贯	出生日期	专业	学费	单击以添加
1	20130101	张小红	女	广西河池	1995-3-2	计算机应用技	￥6,500.00	
2	20130102	李康	男	广西来宾	1996-2-1	计算机应用技	￥6,500.00	
3	20130201	莫娇	女	广西柳州	1995-12-13	应用电子技术	￥6,500.00	
4	20130202	谢树	男	广西河池	1995-4-6	应用电子技术	￥6,500.00	
5	20130501	梁虎	男	广西南宁	1995-3-6	网络系统管理	￥6,500.00	
6	20130502	黄飞	男	广西玉林	1995-7-4	网络系统管理	￥6,500.00	
*	(新建)							

图7-8　"学生信息"数据表

任务3　在数据库中复制表对象

1. 同一数据库内部表的复制

要求将"学生基本信息"数据库中的"学生信息"表复制一个备份，并重命名为"大一学生信息"表。

操作步骤如下：

（1）打开"学生基本信息"数据库，选择"表"对象下的"学生信息"表，单击"开始"选项卡"剪贴板"组中的"复制"按钮，再单击"粘贴"按钮，如图7-9所示。

（2）在弹出的"粘贴表方式"对话框中输入表名称"大一学生信息"，单击"确定"按钮。

2. 不同数据库之间表的复制

要求将"学生课程信息管理"数据库中的"课程信息"表复制到"学生基本信息"数据库中。

操作步骤如下：

（1）打开"学生课程信息管理"数据库，选择"表"对象下的"课程信息"表并右击，在弹出的快捷菜单中选择"导出"→Access命令，如图7-10所示。

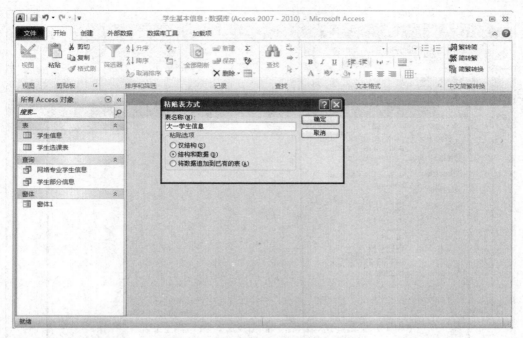

图 7-9　表的"复制"/"粘贴"操作

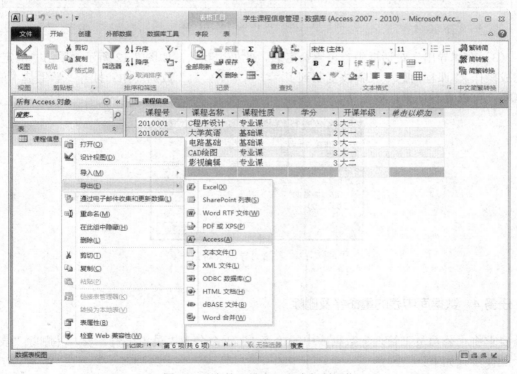

图 7-10　表的"导出"方式复制操作

（2）在弹出的"导出-Access 数据库"对话框中寻找并选择接收的数据库"学生基本信息"，单击"保存"按钮，弹出"保存文件"对话框，单击"保存"按钮，再单击"确定"按钮，即可完成操作，如图 7-11 所示。

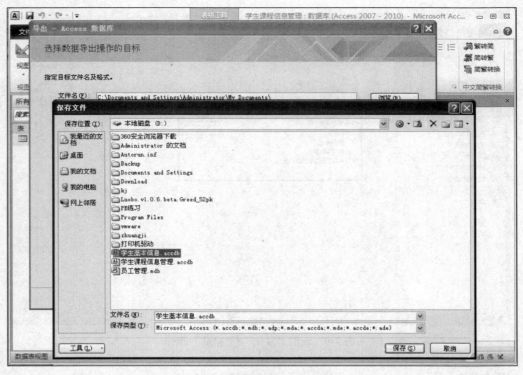

图 7-11　选择接收表的数据库操作

（3）在"导出"对话框中，可重命名表，此处用默认，如图 7-12 所示。单击"确定"按钮完成操作，"课程信息"表就被复制到了"学生基本信息"数据库中。打开"学生基本信息"数据库，可以查看结果，如图 7-13 所示。

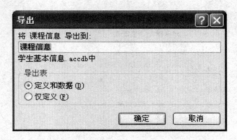

图 7-12　表的"导出"对话框

任务 4　数据库中表的重命名及删除

要求将"公司员工管理"数据库中的"表 1"重命名为"员工工资"表，并删除"表 2"。操作步骤如下：

（1）打开"公司员工管理"数据库，选择"表"对象下的"表 1"并右击，在弹出的快捷菜单中选择"重命名"命令，如图 7-14 所示。

（2）"表 1"呈蓝底显示，输入"员工工资"，回车结束操作。

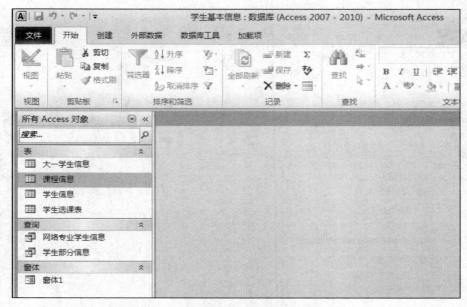

图 7-13 目标数据库窗口中新增的数据表

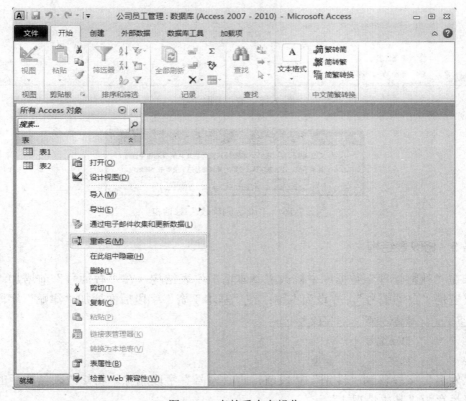

图 7-14 表的重命名操作

（3）选择"表"对象下的"表 2"并右击，在弹出的快捷菜单中选择"删除"命令，如图 7-15 所示。

（4）在弹出的"是否删除表'表 2'"提示对话框中单击"是"按钮，如图 7-16 所示。

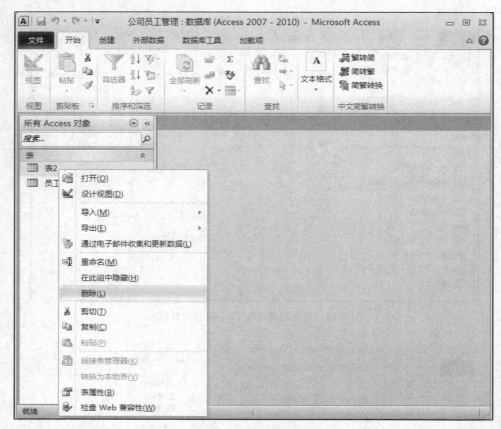

图 7-15　表的删除操作

图 7-16　"确认删除表"对话框

任务 5　修改表结构

要求在"教师管理"数据库中修改"基本情况"表结构，在"教师号"前增加"编号"字段，类型是"自动编号"，并设为主键；在"基本工资"字段后面增加"津贴"字段。

字段名	数据类型	字段大小
编号	自动编号	
津贴	数字	整型

将"姓名"字段移到"性别"字段前，将"序号"字段删除。将修改表结构后的"基本情况"表另存为"基本情况1"。

操作步骤如下：

（1）插入新字段并设为主键：打开"教师管理"数据库，选择"表"对象下的"基本情况"表并右击，在弹出的快捷菜单中选择"设计视图"命令，打开"基本情况"表的设计视图，如图 7-17 所示。单击"教师号"字段位置并右击，在弹出的快捷菜单中选择"插入行"命令（如图 7-18 所示），可以在当前位置产生一个新的空白行（"教师号"字段向下移动）。在新行的当前位置输入"编号"新字段；单击"表格工具/设计"选项卡"工具"组中的"主键"按钮，将"编号"字段设为主键（如果再单击"主键"按钮一次，可删除主键）；单击"数据类型"选项卡"工具"组中，选择"自动编号"。

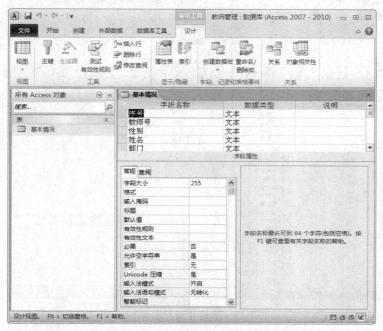

图 7-17 "基本情况"表设计视图

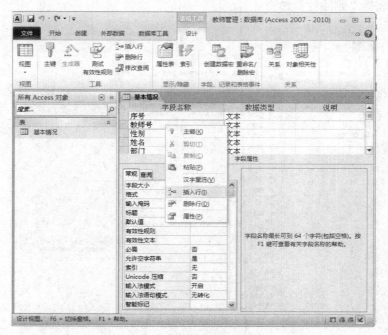

图 7-18 "插入行"命令

（2）在末字段后增加新字段：将光标插入到末字段"基本工资"下方，输入新字段名"津贴"，选择数据类型为"数字"，设置其字段属性中的"字段大小"为"整型"。

（3）移动字段：单击"姓名"字段的行选择区，选中后按住鼠标左键将其拖到"性别"上放手，如图7-19所示。

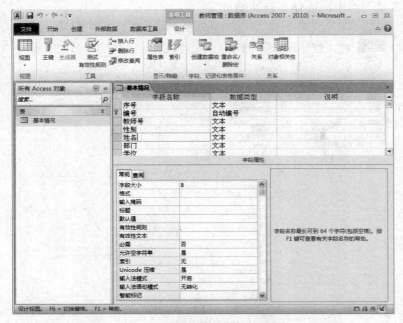

图7-19　选择行进行移动操作

（4）删除字段：将光标插入到"序号"字段所在的行并右击，在弹出的快捷菜单中（如图7-20所示）选择"删除行"命令。

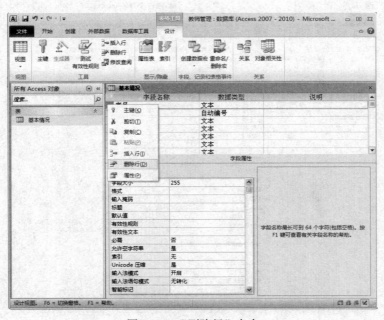

图7-20　"删除行"命令

　　（5）数据保存：修改表结构的操作结果如图 7-21 所示，关闭表设计视图，在弹出的"保存对表的设计更改"提示对话框中单击"是"按钮，如图 7-22 所示，退出设计窗口，返回到数据库窗口。

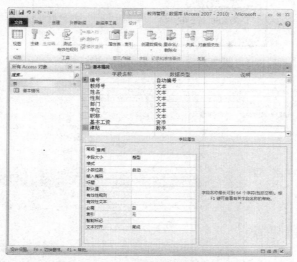

图 7-21　修改表结构的操作结果

图 7-22　"保存对表的设计更改"提示对话框

　　（6）另存表：在数据库窗口的表对象下选择"基本情况"表并右击，在弹出的快捷菜单中选择"复制"命令，如图 7-23 所示。再右击表图标，在弹出的快捷菜单中选择"粘贴"命令，弹出"粘贴表方式"对话框，如图 7-24 所示，将"表名称"修改为"基本情况 1"。单击"确定"按钮，返回到数据库窗口，同时表对象下多了一个"基本情况 1"表，如图 7-25 所示。

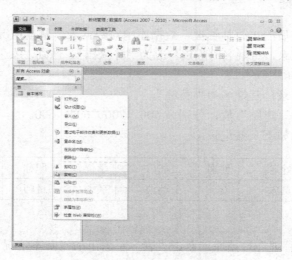

图 7-23　将表另存操作

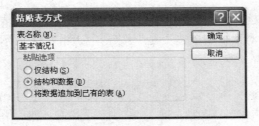

图 7-24 "粘贴表方式"对话框

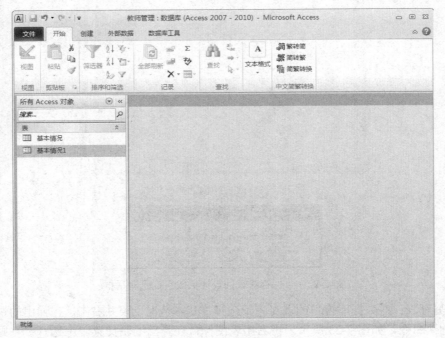

图 7-25 另存为的新表

任务 6 更新表数据

要求在任务 5 操作后的"教师管理"数据库中对数据表"基本情况 1"进行如下操作：

● 修改第 1 条记录，将姓名"陈旋"改为"陈兴国"，性别"女"改为"男"，基本工资 1500 改为 1550。

● 删除第 3 条记录，其姓名为"黄柱"。

● 输入各记录的"津贴"值，分别为 500、700、600、600。

● 在表末尾追加如下一条记录：

编号	教师号	姓名	性别	部门	学位	职称	基本工资	津贴
6	3010004	莫冰	女	动力	硕士	讲师	1700	600

操作步骤如下：

（1）打开"教师管理"数据库，双击"表"对象下的"基本情况 1"进入数据表视图，如图 7-26 所示。

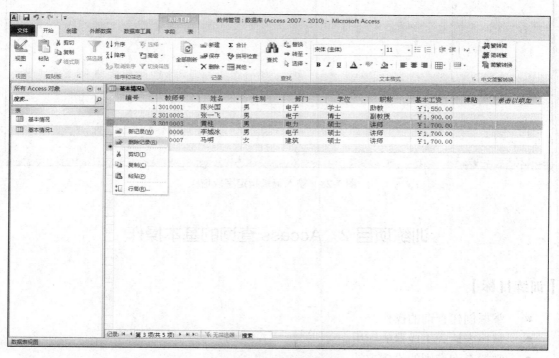

图 7-26　"基本情况 1"数据表视图

（2）修改记录：将第一条记录中"姓名"字段下的"陈旋"删除，再输入"陈兴国"；将"性别"字段下的"女"删除，再输入"男"；将"基本工资"字段下的 1500 删除，再输入 1550，如图 7-27 所示。

图 7-27　修改及删除记录

（3）删除记录：单击第 3 条记录的行选择区并右击，在弹出的快捷菜单中，选择"删除记录"命令，如图 7-27 所示。

（4）输入记录指定字段值：将光标分别插入到"津贴"字段下的单元格中，依次输入各记录的"津贴"值：500、700、600、600，如图 7-28 所示。

（5）在表末尾添加新记录：将光标直接定位在最末端的空白记录"教师号"字段下对应的单元格中，然后输入 3010004，这时"编号"字段会自动生成一个对应编号，继续对应输入其余的各字段值：莫冰、女、动力等，完成在表的末尾添加新记录的操作，如图 7-28 所示。

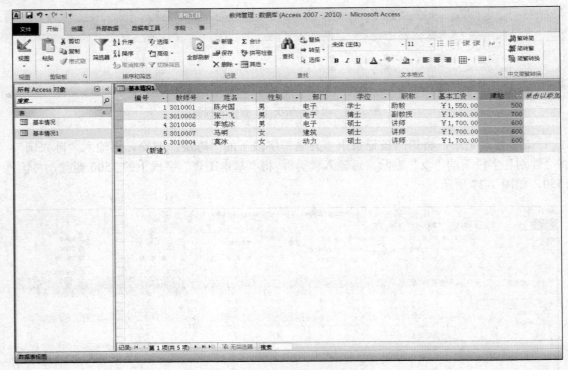

图 7-28　输入记录指定字段值

训练项目 2　Access 查询的基本操作

【训练目标】

- 掌握创建查询的操作。
- 掌握表达式生成器的应用。
- 掌握查询准则的设置方法。

【训练内容】

任务　创建公司员工工资收入查询

（1）打开"员工管理.accdb"数据库。在"员工"基本信息表中对员工的工资进行记录时，不能在上述的表格中直接查询出职工每月的实发工资金额，此时可以利用查询的建立将"员工"基本信息表中的数据组织起来，即可得到员工每月的具体工资数额。

（2）在 D:盘根目录下双击"员工管理.accdb"文件。单击"创建"选项卡"查询"组中的"查询设计"按钮，弹出"显示表"对话框，如图 7-29 所示。

（3）将"员工"数据表添加到查询设计窗口中，直接选定该表，单击"添加"按钮，即可得到如图 7-30 所示的窗口。

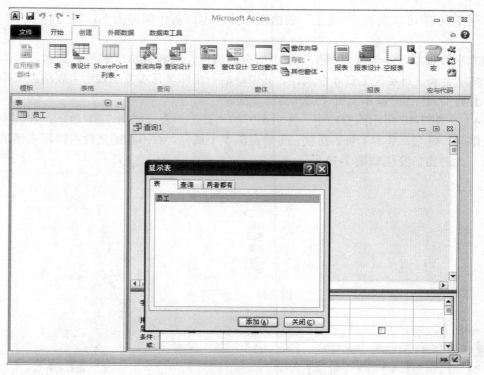

图 7-29 查询设计中显示并添加表

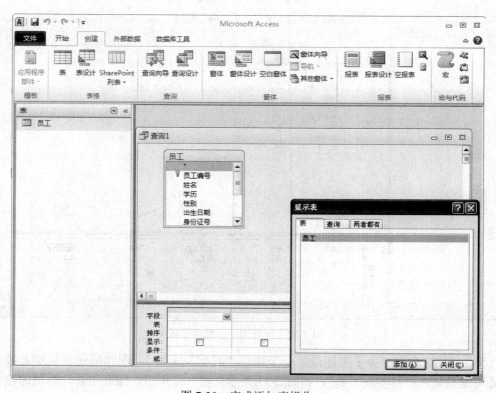

图 7-30 完成添加表操作

在图 7-30 中可以发现，"员工"表出现在操作窗口灰色的界面上，将"显示表"对话框关闭。

在本次查询中，不包含"员工"表中所有的属性，只包含员工编号、姓名、基本工资、罚款、奖励金额、月实发工资 6 个属性，其中最后一个即"月实发工资"为表格原来不存在的属性，且月实发工资=基本工资-罚款+奖励金额。

（4）在图 7-30 所示的窗口中，注意上方的"员工"表，如图 7-31 所示。在其中分别双击员工编号、姓名、基本工资、罚款、奖励金额 5 个属性，看不到的属性可以用右侧的滑块进行操作，此时窗口变化如图 7-32 所示。

图 7-31　"员工"表

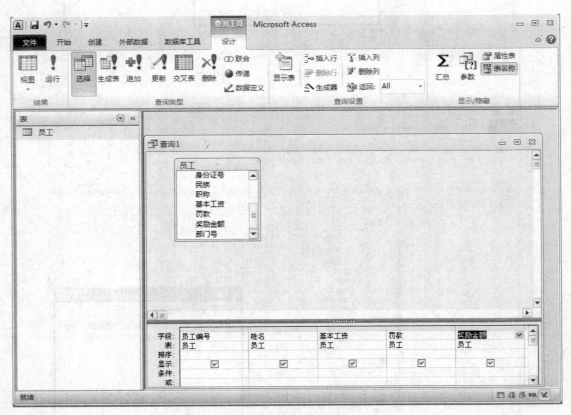

图 7-32　向查询中添加各字段

（5）此时的查询中少了上述最后一个属性"月实发工资"，因此应在"奖励金额"后的空白处用键盘输入"月实发工资"，如图 7-33 所示。输入完毕后，保证当前计算机的输入法为英文状态，在"月实发工资"5 个字后输入冒号"："（注意这个冒号必须在是英文状态下输入的符号），然后单击"查询设置"组中的"生成器"按钮，弹出"表达式生成器"对话框，如图 7-34 所示。

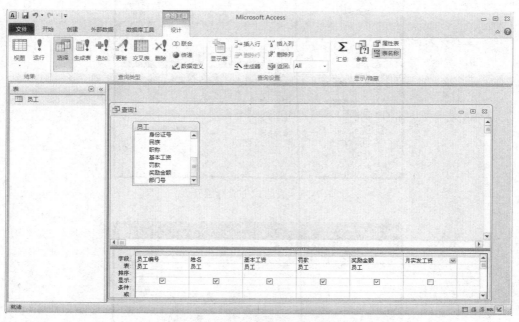

图 7-33 输入关键查询字段

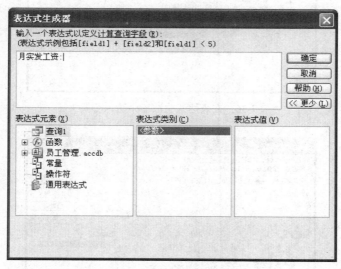

图 7-34 "表达式生成器"对话框

（6）在"表达式元素"栏中单击"员工管理.accdb"左侧的 回将其项目展开，并选择"员工"选项，如图 7-35 所示。将鼠标指针定位在上部方框中的冒号后，双击下方中间"表达式类别"框中的"基本工资"选项，上部的方框会发生相应变化，如图 7-36 所示。

（7）在"月实发工资:《表达式》[员工]![基本工资]"后按上述给出的公式输入减号"-"，如图 7-37 所示。

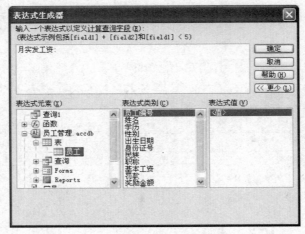

图 7-35 表达式生成器展开表

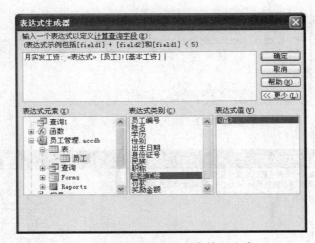

图 7-36 在表达式生成器中输入公式 1

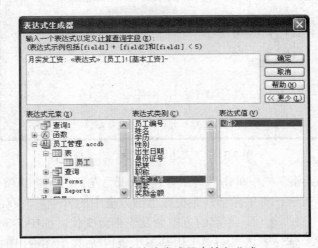

图 7-37 在表达式生成器中输入公式 2

（8）输完减号后，再双击下方中间框中的"罚款"选项，公式变化如图 7-38 所示。

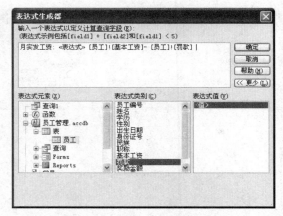

图 7-38 在表达式生成器中输入公式 3

（9）再在"月实发工资:《表达式》[员工]![基本工资]- [员工]![罚款]"后按上述给出的公式输入加号"+"，然后双击中间方框中的"奖励金额"选项，公式变化如图 7-39 所示。

图 7-39 在表达式生成器中输入公式 4

（10）注意，此时公式还并不完全正确，将鼠标指针移至公式"月实发工资:《表达式》[员工]![基本工资]- [员工]![罚款]+ [员工]![奖励金额]"中的"月实发工资:《表达式》"的"》"号后，按 Backspace 键删除"《表达式》"（此时注意不要将冒号删掉），最终得到的公式如图 7-40 所示。

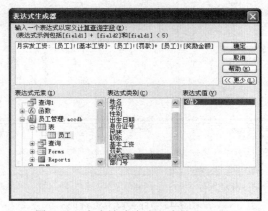

图 7-40 在表达式生成器中输入公式 5

（11）公式录入完毕，单击"确定"按钮，则返回到查询设计视图当中，如图 7-41 所示。

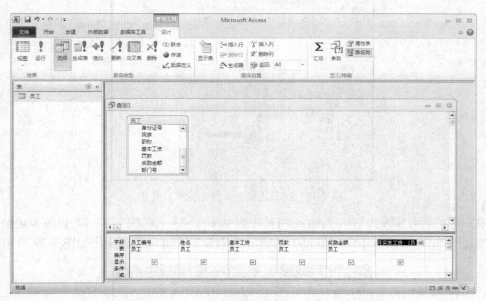

图 7-41　完成公式输入的查询设计视图

（12）单击快速访问工具栏中的"保存"按钮 ，在弹出的"另存为"对话框中将"查询名称"定义为"月实发工资查询"，如图 7-42 所示。

（13）单击"确定"按钮，返回数据库主界面，可以看到窗口中出现了刚刚建立的"月实发工资查询"，如图 7-43 所示。

图 7-42　"另存为"对话框

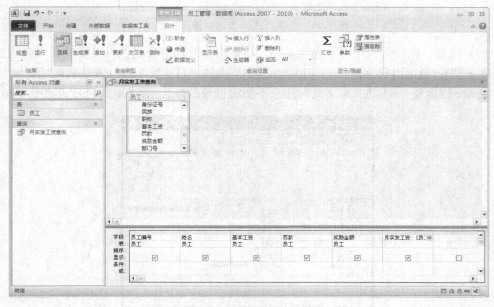

图 7-43　月实发工资查询

双击 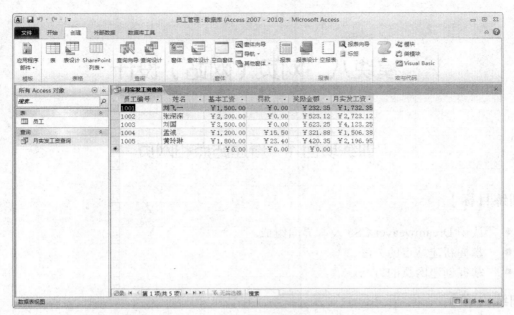 月实发工资查询 ，可以看到如图 7-44 所示的查询结果。

图 7-44 "月实发工资查询"结果

在该窗口中可以非常明确地查出每位员工该月实发的工资金额，此时建立一个查询的操作完成。

模块八　网页（网站）设计

训练项目 1　新建站点和网页

【训练目标】

- 认识 Dreamweaver CS5 及其界面组成。
- 掌握新建站点的方法。
- 掌握创建网页的方法。

【训练内容】

任务 1　认识 Dreamweaver CS5

1. Dreamweaver CS5 的启动

启动 Dreamweaver CS5 的方法为：单击"开始"→"所有程序"→Adobe Dreamweaver CS5 命令，如图 8-1 所示。

图 8-1　Dreamweaver CS5 的启动

2. Dreamweaver CS5 的窗口外观

启动 Dreamweaver CS5 后的程序窗口如图 8-2 所示。

任务 2　新建站点

（1）在 D 盘下新建站点文件夹 web，在 web 文件夹中新建站点图片文件夹 images。

（2）单击"开始"→"所有程序"→Adobe Dreamweaver CS5 命令。在 Dreamweaver CS5 窗口中单击"站点"→"新建站点"命令，弹出如图 8-3 所示的"站点设置对象"对话框。将"站点名称"命名为"班级主页"，选择 D 盘下的 web 文件夹作为"本地站点文件夹"。

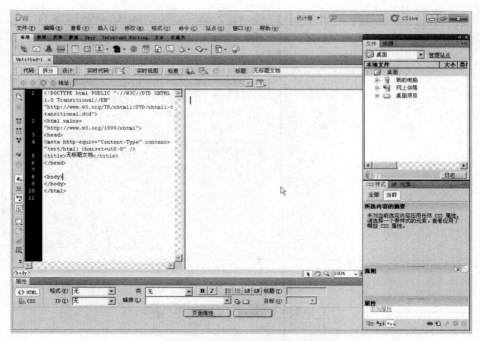

图 8-2 Dreamweaver CS5 窗口

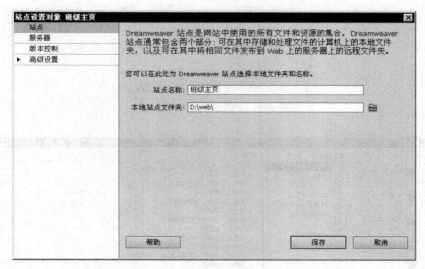

图 8-3 "站点设置对象"对话框

（3）单击"高级设置"选项，选择"本地信息"，将 D 盘 web 文件夹中的 images 文件夹作为"默认图像文件夹"，如图 8-4 所示。

（4）设置完毕后单击"保存"按钮。选择"窗口"菜单，打开文件面板，建站效果如图 8-5 所示。

任务 3 创建网页

（1）启动 Dreamweaver CS5，单击"文件"→"新建"命令，弹出"新建文档"对话框，如图 8-6 所示。

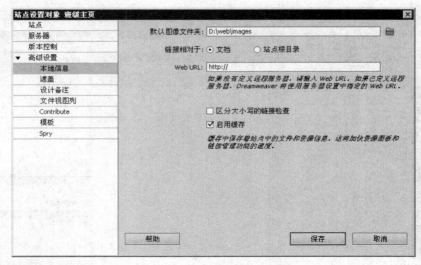

图 8-4 "本地信息"界面

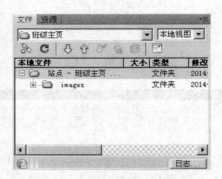

图 8-5 "网站模板"对话框

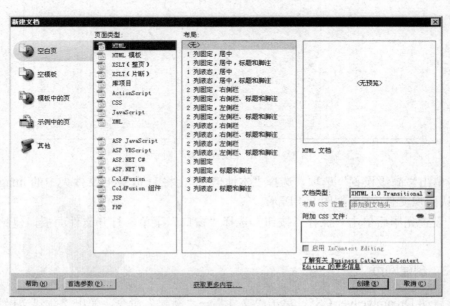

图 8-6 "新建文档"对话框

（2）在"页面类型"列表框中选择 HTML，单击"创建"按钮，即可创建一个新的空白网页，将其命名为 index.html，作为网站的首页，保存在站点文件夹 web 中。

训练项目2　网页的制作

【训练目标】

- 掌握网页布局的基本方法。
- 掌握网页中文本的设置方法。
- 掌握网页中超链接的设置方法。
- 掌握网页中图片的插入方法。

【训练内容】

任务1　网页的布局

制作一个漂亮的网页，离不开网页整体布局的设计。网页布局设计的合理与否，直接影响页面的美观。网页布局设计一般采用表格和框架，表格的使用相对来说更加普遍，这里就以表格为例来看一看如何实现网页的布局。

表格是由单元格按照行与列组成的，使用表格可以很好地将网页中的对象按格式编排，一般常用于页面图片与文字的版面安排。

具体操作步骤如下：

（1）打开 index.html 文档，然后将插入点放在要插入表格的位置，单击插入工具栏"常用"选项卡中的 ▦ 按钮，弹出"表格"对话框，输入"行数"为 2，"列数"为 2，"表格宽度"为 600 像素（如图 8-7 所示），创建出一个两行两列的表格。主编辑区中的表格效果如图 8-8 所示。

图 8-7　"表格"对话框

（2）用鼠标选中第二行的两个单元格，在下方的"属性"面板中单击"单元格合并"按钮，可得到如图 8-9 所示的表格。

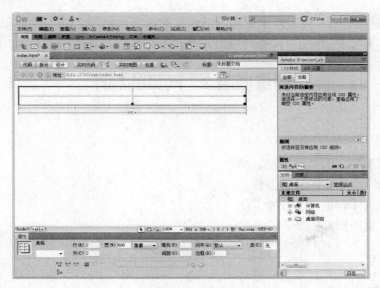

图 8-8　主编辑区中的表格效果

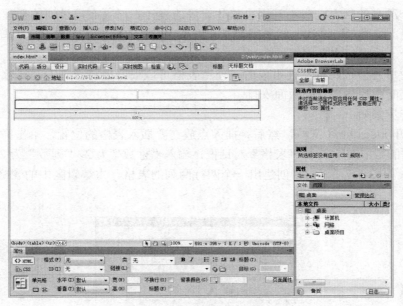

图 8-9　表格合并单元格

（3）把鼠标移动到表格左上角，单击表格，此时表格被选中。在下方的"属性"面板中对表格属性进行设置，布局对齐方式设置为"居中对齐"，单元格"填充"、"间距"均设置为0，边框粗细设置为0，如图 8-10 所示。设置完成后表格布局效果如图 8-11 所示。

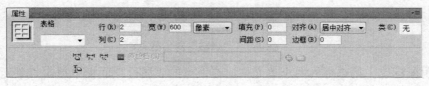

图 8-10　设置表格属性

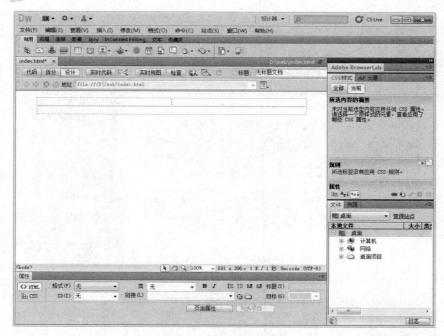

图 8-11 表格布局效果

（4）对表格稍微调整一下，拉动一下行高和列宽，得到如图 8-12 所示的网页最终布局效果。

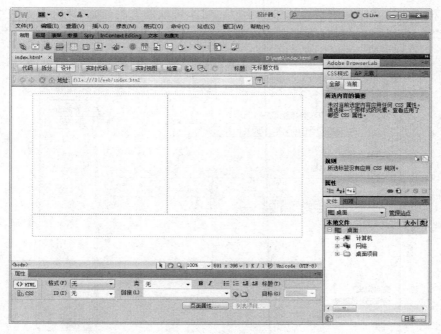

图 8-12 网页布局效果

任务 2 添加网页元素

（1）网页布局好以后，首先是文字信息的录入。如图 8-13 所示录入相关的文字信息。

图 8-13　网页文字信息录入

（2）对文字样式进行编辑：选中文字"咖啡小铺欢迎您的光临"，将下方的"属性"面板切换至 CSS 模式，在"目标规则"下拉列表框中选择"新建 CSS 规则"，单击"编辑规则"按钮，弹出"新建 CSS 规则"对话框，输入选择器的名称为.font1（如图 8-14 所示）。

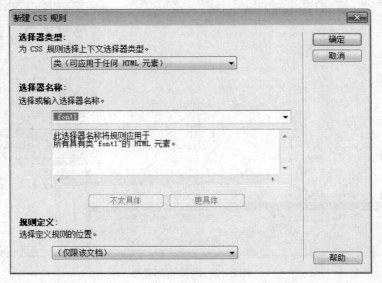

图 8-14　"新建 CSS 规则"对话框

单击"确定"按钮，弹出".font1 的 CSS 规则定义"对话框，设置字体为"方正舒体"，字号为 18px，如图 8-15 所示，设置好后的效果如图 8-16 所示。

（3）选中如图 8-17 所示的文字，单击下方"属性"面板中的"编辑规则"按钮，弹出"新建 CSS 规则"对话框，输入选择器的名称为.font2。单击"确定"按钮，弹出".font2 的 CSS 规则定义"对话框，设置"字体"为"仿宋"，"大小"为 14px。设置好后的效果如图 8-18 所示。

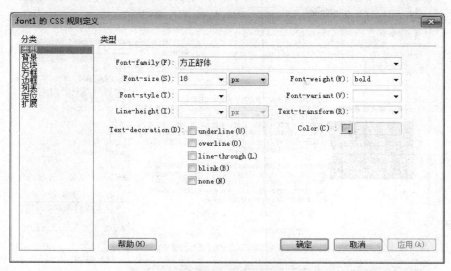

图 8-15 ".font1 的 CSS 规则定义"对话框

图 8-16 文字编辑

（4）按照以上文字编辑方法，选中文字"花式咖啡"，设置"字体"为"华文行楷"，"大小"为 36px，字体颜色为"蓝色"。设置好后的效果如图 8-19 所示。选中文字"我的资料 和我联系"，设置"字体"为"华文隶书"，"大小"为 14px，加粗。选中剩下的文字，设置"字体"为"宋体"，"大小"为 14px，设置好后的效果如图 8-20 所示。

图 8-17　选中文字

图 8-18　文字编辑效果

图 8-19　文字编辑效果

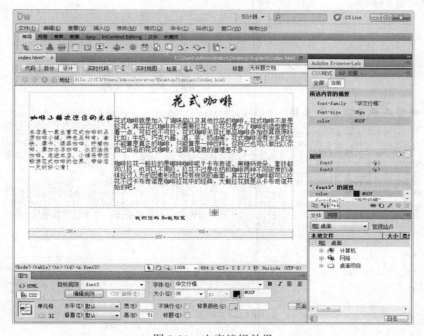

图 8-20　文字编辑效果

（5）将光标定位在段落前，主编辑区切换至拆分视图，在代码处添加两个空格符号 实现段落缩进两个字符，设置后的效果如图 8-21 所示。其他段落也按照类似的方法进行设置。

（6）单击<body>标签，在"属性"面板中打开"页面属性"对话框，设置网页背景颜色为#FFC，设置后的效果如图 8-22 所示。

图 8-21　文字编辑效果

图 8-22　网页效果图

任务 3　添加超级链接

（1）选择"我的资料"几个字，单击插入工具栏"常用"选项卡中的"超链接"按钮，弹出"超级链接"对话框，链接到 web 文件夹中已经做好的网页 ziliao.html，目标选择_blank，如图 8-23 所示。"目标"下拉列表框有 4 个属性：_blank 表示浏览器总在一个新打开的未命名的窗口中载入目标文档；_self 表示这个目标的值对所有没有指定目标的<a>标签是默认目标，它使得目标文档载入并显示在相同的框架或窗口中作为源文档，这个目标是多余且不必要的，除非和文档标题 <base> 标签中的 target 属性一起使用；_parents 表示这个目标使得文档载入父窗口或者包含超链接引用的框架的框架集，如果这个引用是在窗口或者在顶级框架中，那么它与目标_self 等效；_top 表示这个目标使得文档载入包含这个超链接的窗口，用 _top 目标将会清除所有被包含的框架并将文档载入整个浏览器窗口。单击"确定"按钮，回到网页设计页面，可以看到"我的资料"下面多了一条横线 我的资料 和我联系 ，表示"我的资料"已经具有超链接属性。

图 8-23 网页效果图

（2）选择"和我联系"几个字，单击插入工具栏"常用"选项卡中的"超链接"按钮，弹出"超级链接"对话框，在"链接"组合框中输入mailto:lyj@126.com，单击"确定"按钮，回到网页设计页面，可以看到"和我联系"下面多了一条横线 我的资料 和我联系 ，表示"和我联系"已经具有超链接属性。

任务 4 插入图片

将光标定位于文本"咖啡小铺欢迎您的光临"的下一段落，如图 8-24 所示。选择"插入"→"图像"命令，如图 8-25 所示。弹出"选择图像源文件"对话框，选择 images 文件夹的图片文件 first.jpg，单击"插入"按钮。插入图片后的网页效果如图 8-26 所示。

图 8-24 光标定位　　　　　　　图 8-25 选择"插入"→"图像"命令

图 8-26　插入图片效果

训练项目 3　网站测试和上传

【训练目标】

- 掌握网站测试的方法。
- 掌握网页上传的方法。

【训练内容】

任务 1　网站测试

测试与发布前应先检查网站是否创建了本地站点，站点中所有的文件及文件夹名称是否为英文或中文拼音，主页名称是否为 index.htm 或 index.html，主页是否保存在站点根文件夹下，是则进行网站的测试与发布。

打开所有网页，打开网页上的每个链接，以此测试是否存在死链接。如果存在则重新设置链接。

任务 2　网站上传和发布

1．注册域名空间

打开免费域名空间申请地址http://usa.5944.net/，单击"注册"按钮，按照提示进行注册，如图 8-27 所示。

注册成功后会进入如图 8-28 所示的页面，其中 FTP 上传地址、FTP 上传账号、FTP 上传密码、域名等信息必须记录下来。

图 8-27 域名空间申请网页

您使用的空间资源情况:	总大小:1000M	站点状态: 正常
有效期:	2014-6-17 22:53:55 增加使用时间	
	（永久免费，用户需每月登陆此页面点击增加空间使用时间）	
域名:	com域名>>>>立即注册 收费COM域名>>>>立即注册	
您自主绑定的域名:	绑定域名	
FTP上传地址:	174.128.247.68 复制 上传文件	
FTP上传帐号:	1852 复制	
FTP上传密码:	1234567890 复制	

图 8-28 成功注册信息

2. 连接服务器

（1）选择"站点"→"管理站点"命令，弹出"管理站点"对话框，如图 8-29 所示。

（2）单击"编辑"按钮，在弹出的对话框中选择"服务器"选项，单击"+"，在弹出的对话框中对远程信息进行设置，注意远程信息必须设置正确，如图 8-30 所示。

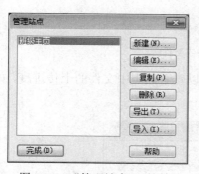

图 8-29 "管理站点"对话框

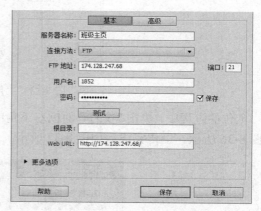

图 8-30 服务器信息设置

（3）设置成功后单击对话框中的"测试"按钮进行服务器连接，如图 8-31 所示。如果出现如图 8-32 所示的对话框，则表明远程信息设置正确。

图 8-31　连接服务器

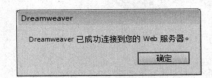

图 8-32　服务器连接成功

3．把网站内所有的网页文件和图片文件上传到域名空间

选择"窗口"→"文件"命令，打开"文件"面板，在面板中选择要上传的文件夹或文件，右击并选择"上传"命令，如图 8-33 所示。

图 8-33　上传文件夹或文件

上传的过程中，单击"文件"面板左下角的 ![icon] 可以查看站点中文件的上传进度，如图 8-34 至图 8-36 所示。上传完成后如图 8-37 所示。

图 8-34　连接服务器

图 8-35 等待服务器响应

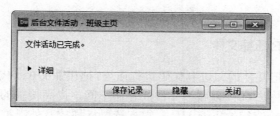

图 8-36 上传文件

图 8-37 上传成功

4. 浏览网站

上传完成后，打开浏览器，在地址栏中输入注册成功后系统提供给的域名，即可浏览网站了。

模块九　常用工具软件的使用

训练项目 1　系统工具软件的使用

【训练目标】

- 掌握用压缩工具 WinRAR 压缩文件的方法。
- 掌握用压缩工具 WinRAR 解压文件的方法。

【训练内容】

任务 1　用 WinRAR 压缩文件

文件压缩的原理是把文件的二进制代码进行压缩,把相邻的0、1代码减少,比如有000000,可以把它变成 6 个 0 的写法 60,以减少文件的存储空间,提高传输的速度。

WinRAR 是目前比较流行的压缩工具,它支持鼠标拖放及外壳扩展,支持 ZIP 文档,内置程序可以解开 CAB、ARJ、LZH、TAR、GZ、ACE、UUE、BZ22、JAR、ISO 等多种类型的压缩文件。

把一些文件或文件夹压缩成一个.rar 文件的操作步骤如下:

(1)选定需要压缩的一个(或多个)文件或文件夹,右击,弹出如图 9-1 和图 9-2 所示的快捷菜单。

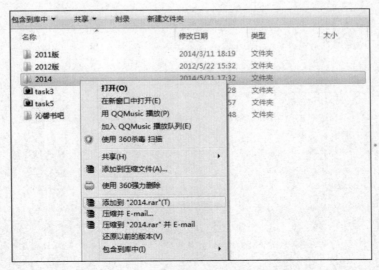

图 9-1　文件压缩——选定一个文件夹

(2)选择"添加到压缩文件"命令,弹出"压缩文件名和参数"对话框,如图 9-3 所示。

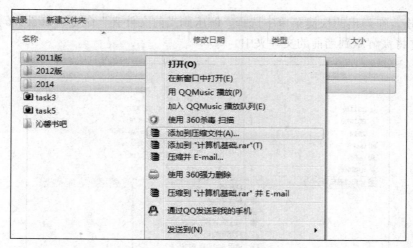

图 9-2　文件压缩——选定多个文件夹

（3）单击"确定"按钮，选定的文件或文件夹正在进行压缩，如图 9-4 所示。

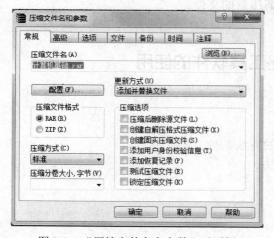

图 9-3　"压缩文件名和参数"对话框

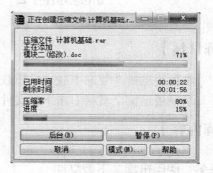

图 9-4　文件压缩进度对话框

在压缩完成后，可在磁盘目录中找到压缩文件，如图 9-5 所示。

图 9-5　查看生成的压缩文件

任务 2　用 WinRAR 解压文件

（1）从磁盘中查找到.rar 文件，单击选定该文件。

（2）右击，在弹出的快捷菜单中选择"解压到当前文件夹"命令（如图 9-6 所示），所选定的压缩文件将被解压到当前的文件夹中。

图 9-6　选择"解压到当前文件夹"命令

解压完成后，可以到指定的文件夹中找到解压后的文件。

训练项目 2　网络工具软件的使用

【训练目标】

- 掌握用迅雷 7 复制下载地址下载文件的方法。
- 掌握用迅雷 7 直接右击下载文件的方法。

【训练内容】

任务　使用迅雷 7 下载文件

迅雷 7 是一款下载软件，支持同时下载多个文件，支持 BT、电驴文件下载，是下载电影、视频、软件、音乐等文件所需要的软件。迅雷使用先进的超线程技术，基于网格原理，能够将存于第三方服务器和计算机上的数据文件进行有效整合，通过这种先进的超线程技术，用户能够以更快的速度从第三方服务器和计算机上获取所需的数据文件。这种超线程技术还具有互联网下载负载均衡功能，在不降低用户体验的前提下，迅雷网络可以对服务器资源进行均衡，有效降低了服务器负载。

1．复制下载地址，添加到迅雷新建任务里

（1）右击下载地址，在弹出的快捷菜单中选择"复制快捷方式"命令，这一步是把下载地址复制到系统剪贴板中，如图 9-7 所示。

（2）在迅雷主界面中，单击"新建"按钮，在弹出的"新建任务"对话框中把刚刚复制的下载地址粘贴到"下载链接"框中，再单击"立即下载"按钮，开始下载，如图 9-8 所示。

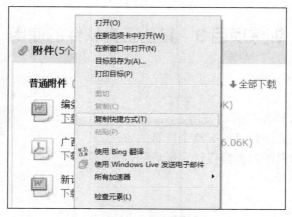

图 9-7　复制下载地址

图 9-8　把下载地址粘贴到迅雷任务中

2．直接右击下载链接

这种方法比较直接，而且大多数情况下载，这种方法是最常用且最好用的。如图 9-9 所示，直接右击下载链接，在弹出的快捷菜单中选择"使用迅雷下载"命令，开始下载。

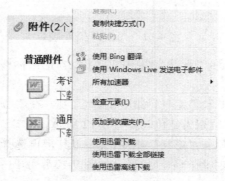

图 9-9　右击下载链接

训练项目 3　其他工具软件的使用

【训练目标】

- 掌握 Windows 画图工具的使用方法。
- 掌握用红蜻蜓抓图精灵捕捉整个屏幕的方法。
- 掌握用红蜻蜓抓图精灵捕捉选定区域图片的方法。

【训练内容】

任务 1　简单绘图

用 Windows 的画图工具画一个矩形，用红色填充，再在矩形里画一个绿色的三角形。

操作方法及步骤如下：

（1）单击"开始"→"所有程序"→"附件"→"画图"命令，打开"画图程序"窗口，如图 9-10 所示。

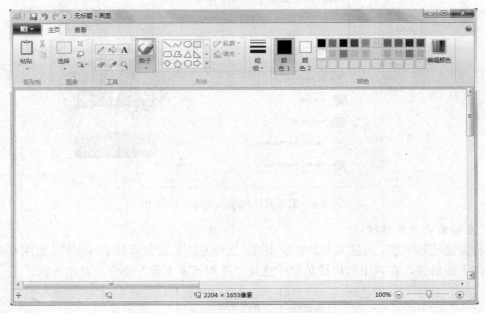

图 9-10　"画图程序"窗口

（2）单击"主页"选项卡"形状"组中的□工具，把鼠标移动到绘图区中画一个大矩形，如图 9-11 所示。

（3）单击"主页"选项卡"工具"组中的✍工具，在"颜色"组中选择"红色"，把鼠标移动到矩形里，单击即可填充为红色，如图 9-12 所示。

（4）单击"主页"选项卡"形状"组中的△工具，再选择"颜色"组中的"绿色"，把鼠标移动到绘图区的大矩形中画一个三角形，如图 9-13 所示。

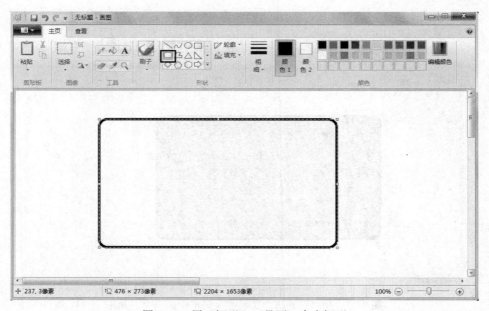

图 9-11 用"矩形"工具画一个大矩形

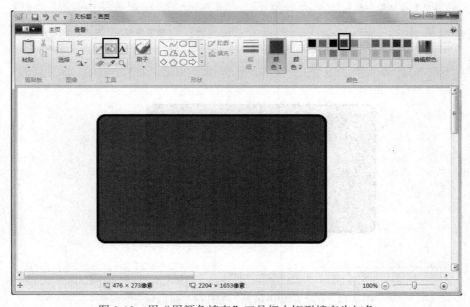

图 9-12 用"用颜色填充"工具把大矩形填充为红色

（5）单击"主页"选项卡"工具"组中的 工具，再选择"颜色"组中的"绿色"，把鼠标移动到三角形里，单击即可填充为绿色，如图 9-14 所示。

（6）完成后单击 并选择"保存"命令，在弹出的"保存为"对话框中设置好存放路径和文件名，单击"保存"按钮，如图 9-15 和图 9-16 所示。

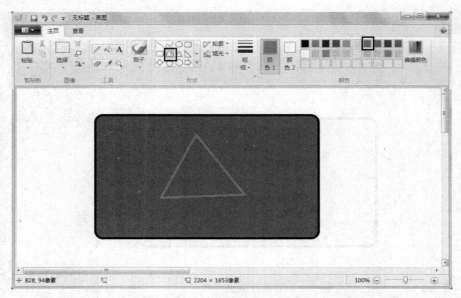

图 9-13　用"三角形"工具在大矩形中画一个三角形

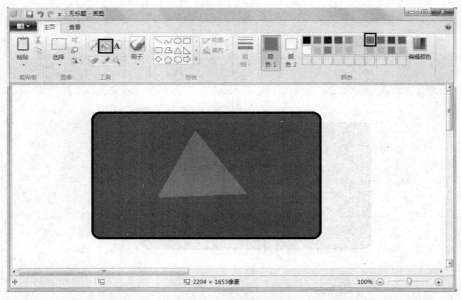

图 9-14　用"用颜色填充"工具把三角形填充为绿色

任务 2　用红蜻蜓抓图精灵捕捉整个屏幕

　　捕捉图片的方法有很多，有时候选择一个实用、操作简便的软件往往会事半功倍。红蜻蜓抓图精灵是一款完全免费的专业级屏幕捕捉软件，能够让您得心应手地捕捉到需要的屏幕截图，使用起来十分方便。

　　操作方法及步骤如下：

　　（1）通过快捷方式打开"红蜻蜓抓图精灵"工作窗口，如图 9-17 所示。

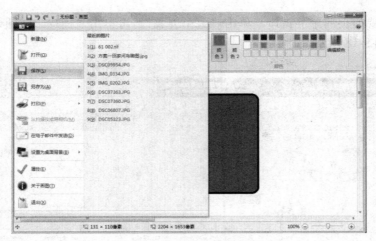

图 9-15 选择"保存"命令

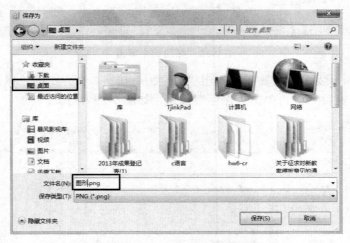

图 9-16 "保存为"对话框

图 9-17 "红蜻蜓抓图精灵"工作窗口

（2）打开要捕捉的全屏窗口，单击"整个屏幕"，再单击"捕捉"按钮即可完成整个屏幕的捕捉，如图 9-18 所示。

图 9-18   抓图整个屏幕

（3）在"捕捉预览"工作窗口中单击"另存为"按钮，在弹出的"保存图像"对话框中设置好存放路径、文件名，再单击"保存"按钮，如图 9-19 所示。

图 9-19   "保存图像"对话框

任务 3   用红蜻蜓抓图精灵捕捉选定区域图片

操作方法及步骤如下：

（1）打开需要捕捉图片的窗口，同时打开"红蜻蜓抓图精灵"工作窗口。

（2）单击"选定区域"，再单击"捕捉"按钮，即进入捕捉图片状态，把鼠标移动到要捕捉的图片，选中要捕捉的区域并单击完成捕捉，如图 9-20 所示。

（3）在"捕捉预览"工作窗口中单击"另存为"按钮，在弹出的"保存图像"对话框中设置好存放路径、文件名，单击"保存"按钮。

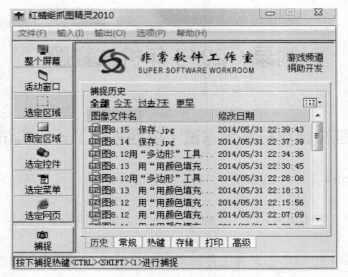

图 9-20 选定区域抓图

附录　2014 年机试真题

全国高校计算机联合考试（广西考区）一级机试试题

2014 年 6 月 21 日　　　　考试时间：50 分钟　　　（闭卷）

准考证号：　　　　姓名：　　　　选做模块的编号□

注意：（1）试题中"T□"是考生考试文件夹，"□"用考生自己的准考证号（16 位）代替。

（2）本试卷包括第一卷和第二卷。第一卷各模块为必做模块；第二卷各模块为选做模块，考生**必须选做其中一个模块，多选无效**。请考生在本页右上方"选做模块的编号□"方格中填上所选做模块的编号。

（3）答题时应先做好必做模块一，才能做其余模块。

第一卷　必做模块

必做模块一　文件操作（15 分）

按要求完成下列操作：

1. 在 D:\下新建一个文件夹 T□，并将 C:\MM1 文件夹中的所有内容复制到 T□文件夹中。（4 分）

2. 将 T□\inf1 文件夹中的 sa1.txt 文件移动到 T□文件夹中。（3 分）

3. 将 T□文件夹中的所有 bak 文件添加到压缩文件中，命名为 zz1.rar。（4 分）

4. 删除 T□文件夹中 0 字节的文件（2 个）。（4 分）

必做模块二　Word 操作（25 分）

打开 T□\inf1 文件夹中的 Word 文档 gxdx1.doc，完成如下操作：

1. 页面设置：纸张大小为 A4，页边距左、右各为 2.0 厘米。（3 分）

2. 将标题文字"广西大圩古镇"设置为二号、加下划线、居中。（3 分）

3. 输入以下文字作为正文第二段，并设置该段的字体颜色为"蓝色"。（7 分）

到大圩，万寿桥是必去的地方。万寿桥始建于明代，是一座石块砌起的石拱桥，桥面的石头已被磨得溜光发亮，间杂些许小草，古朴自然。桥的西面是漓江，是欣赏漓江及对岸螺蛳山的极佳位置。

4. 将正文所有段落设置为：首行缩进 2 字符，行距为最小值 20 磅。（4 分）

5．使用"替换"功能将文中所有"大墟"一词替换为"大圩"。（3分）

6．在正文末尾制作下面的表格。（5分）

大圩古镇	景点	
	美食	
	住宿	

7．保存退出。

必做模块三　Excel 操作（20分）

打开 T□\inf1 文件夹中的 Excel 文件 cjd01.xls，完成以下操作：

1．在 Sheet1 工作表中，用公式或函数计算总成绩和单科平均分（保留1位小数）。（8分）

2．在 Sheet1 工作表中建立如下图所示的前5名同学成绩的簇状柱形图，并嵌入到本工作表中。（6分）

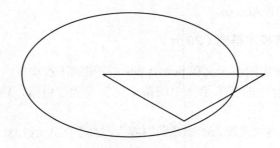

3．将 Sheet1 工作表重命名为"成绩单"。（2分）

4．在 Sheet2 工作表中，筛选出两科成绩均及格的记录。（4分）

5．存盘退出。

必做模块四　网络操作（20分）

1．打开 T□ 中的 gsgk1.html 文件，将该网页中的全部文本以文件名 gk1.txt 保存到 T□ 文件夹中。（5分）

2．在 T□ 文件夹中新建一个文本文档 add1.txt，录入并保存本机的 IP 地址。（5分）

3．启动收发电子邮件软件，并编辑电子邮件。（7分）

收件人地址：（收件人地址考试时指定）

主题：T□文件

正文如下：

组长：您好！

文件在附件里，请查收。

（注：此处输入考生本人姓名）

4．将 T□ 文件夹中的 index1.html 文件作为电子邮件附件，邮件以文件名 mail1 另存到 T□ 文件夹中。（2分）

5．发送电子邮件。（1分）

第二卷　选做模块

选做模块一　数据库技术基础（20分）

打开 T□\inf1 文件夹中的数据库文件 Class1.mdb。

1．修改基本表 table1 的结构，将"费用"字段名改为"预算"、数据类型改为"数字"、字段大小改为"单精度型"；将"线路编号"字段设为主键。（8分）

2．删除表中"线路名"包含"自驾"的两条记录。（3分）

3．修改表中"线路编号"为 A06 的记录，添加其"备注"为"双飞"。（1分）

4．在同一数据库中，为 table1 表制作一个名为 t1 的副本。（3分）

5．创建一个名为"低费用"的查询，查询 table1 表中预算小于 4000 的记录，包含线路名、天数、预算字段，并按"预算"降序排序。（5分）

6．关闭数据库，退出 Access。

选做模块二　多媒体技术基础（20分）

打开 T□\inf1 文件夹中的演示文稿 pcwh1.ppt，完成以下操作：

1．为第 1 张幻灯片中的艺术字"中国茶文化"设置超链接，链接到网址：http://www.baidu.com。（4分）

2．将第 2 张幻灯片的版式设为"标题和内容"，复制 T□\pqy1.txt 文件中的文本到内容占位符中。（4分）

3．设置所有幻灯片切换效果为"溶解"，将换片方式改为"单击鼠标时"。（4分）

4．为第 3 张幻灯片中的图片设置动画：进入效果为擦除、上一项之后开始。（4分）

5．在第 4 张幻灯片中添加一个结束放映的动作按钮，放映时单击此按钮即结束放映。（4分）

6．保存退出。

选做模块三　信息获取与发布（20分）

启动 Dreamweaver，打开 T□ 文件夹中的 gsgk1.html 文件。

1．修改页面属性：设置文档标题为"西部——甘肃"，设置网页背景颜色为淡蓝色（#9CF），标题1、标题2、标题3 的颜色均为红色（#F00）。（4分）

2．设置表格居中对齐，边框和间距都为 0。将表格第一行单元格拆分为两列，将左边单元格中的全部文本移动到右边单元格中，在左边单元格内插入 T□ 文件夹中的图片 logo1.gif，并设置该图片链接到网页 index1.html，网页在新窗口中打开。（6分）

3．在表格倒数第 2 行之前插入一行，设置其高度为 10 像素，在其中插入一条宽为 85% 的水平线。（4分）

4．创建内部 CSS 样式，重定义 HTML 标记 p 的外观，规则定义：文本缩进 2ems，行高 20px。（6分）

5．保存退出。